走出大学毕业生的尴尬困境

吴航虹 ◎ 编著

北京工业大学出版社

图书在版编目（CIP）数据

走出大学毕业生的尴尬困境/吴航虹编著.—北京：北京工业大学出版社，2012.11
　　ISBN 978-7-5639-3284-9

Ⅰ.①走… Ⅱ.①吴… Ⅲ.①成功心理－青年读物 Ⅳ.① B848.4-49

中国版本图书馆 CIP 数据核字（2012）第 234077 号

走出大学毕业生的尴尬困境

编　　著：	吴航虹
责任编辑：	杨　青
封面设计：	尚世视觉
出版发行：	北京工业大学出版社
	（北京市朝阳区平乐园 100 号　100124）
	010-67391722（传真）bgdcbs@sina.com
出 版 人：	郝　勇
经销单位：	全国各地新华书店
承印单位：	唐山才智印刷有限公司
开　　本：	787 mm×1092 mm　1/16
印　　张：	17
字　　数：	170 千字
版　　次：	2013 年 1 月第 1 版
印　　次：	2021 年 1 月第 2 次印刷
标准书号：	ISBN 978-7-5639-3284-9
定　　价：	32.00 元

版权所有　翻印必究

（如发现印装质量问题，请寄本社发行部调换 010-67391106）

前　言

　　很多大学毕业生面对现实、面对社会时，他们的思想观念、心理素质、意志品质还没有适应和转变。诸如大事干不来、小事不愿干，眼高手低以致遭遇就业困境；不能从底层干起，踏实进取，总是这山望着那山高；总是梦想着超越别人，以致心理失衡；理想与现实的脱离导致自己迷失方向；因为急功近利而抱怨不休；稍有劳累就产生烦闷的情绪；因盲目自主创业而迷失自我等。

　　大学毕业生有过迷茫，有过失落，有过求索，有过拼搏。其实不必迷茫，也不必失落，路就在脚下。

　　本书不仅从以上诸多方面解读了当代大学毕业生遭遇的人生尴尬，而且提出了解决各种现实和心理问题的策略，能够帮助大学毕业生提高生存技能。

目 录

第一章 职业认知别再眼高手低 ……………………………… 1

毕业生如何提升自我认知能力 ………………………………… 1
改变追求舒适安逸的畸形择业观 ……………………………… 5
抛开"专业不对口"的顾虑 …………………………………… 10
克服择业求"稳"的心理预期 ………………………………… 12
努力抓住高薪就业的机会 ……………………………………… 14
正确调整对工作岗位的认知 …………………………………… 18
树立从基层做起的观念 ………………………………………… 21
大学毕业生择业心理及调适 …………………………………… 23
调整就业期望值并正确定位 …………………………………… 27
必须完成的两道选择题 ………………………………………… 28
大学毕业生应做好职业生涯规划 ……………………………… 32

第二章 随意跳槽不利于职业发展 ……………………… 34

大学毕业生为什么要频繁跳槽 ………………………………… 34
大学毕业生频繁跳槽的利与弊 ………………………………… 39
解读"跳槽季"中的各种离职理由 …………………………… 41

跳槽前必须考虑到诸多因素 … 45
跳槽要实现职场收益最大化 … 50
奔着高薪跳槽要掌握关键点 … 53
奔着名企跳槽先要做好考察 … 58
职场中最忌讳的四种跳槽 … 62
让人警醒的跳槽悲剧 … 64
不要触犯跳槽戒条 … 68

第三章 盲目攀比导致心理失衡 … 73

认识攀比心理，避免负性攀比 … 73
忌妒心理导致极端攀比 … 75
"面子"思想导致盲目攀比 … 76
盲目攀比增加心理压力 … 79
攀比导致想方设法撑门面 … 82
同学聚会时的攀比现象 … 84
职场新人盲目攀比要不得 … 88
建立自信是大学毕业生的必修课 … 91

第四章 脱离现实就会失去方向 … 95

大学毕业生求职勿陷入心理误区 … 95
算算你毕业后还拥有多少时间 … 104
理性面对理想与现实 … 106
勇敢面对残酷的现实 … 109

如何在理想和现实中寻求平衡 …………………………… 111

千万别混淆了理想与天真 ………………………………… 115

认清自己是接近现实的第一步 …………………………… 116

让规划来指导你不偏离现实 ……………………………… 122

第五章　摆脱创业道路上的尴尬 …………………… 124

细致的创业准备必不可少 ………………………………… 124

大学毕业生的创业方式 …………………………………… 129

怎样选择好的创业项目 …………………………………… 131

创业前必须做好市场调研 ………………………………… 135

大学毕业生创业要从小做起 ……………………………… 140

创业要学会利用所有资源 ………………………………… 143

如何有效规避创业投资风险 ……………………………… 144

如何提升企业核心竞争力 ………………………………… 146

增强对挫折的承受能力 …………………………………… 149

大学毕业生如何提升创业能力 …………………………… 152

第六章　避开择业过程中的陷阱 …………………… 159

不要听信虚假广告的"美丽"谎言 ……………………… 159

小心"黑中介"和"二传手" …………………………… 161

小心不明不白就被骗取劳动成果 ………………………… 165

切勿忽视对用人单位的考察 ……………………………… 167

当心大街上的求职陷阱 …………………………………… 169

警惕潜入高校的虚假招聘·················171
警惕"亲密"的社会关系·················174
坚决抵制招聘乱收费···················177
慎重签订劳动合同····················178
谨防不法之徒的色情圈套················181
大学毕业生求职陷阱防范秘籍··············184

第七章　着力培养向内思考心态·················187

如何理解向内思考····················187
建立向内思考心理机制··················191
怎样做到向内思考····················194
自省自己的职场尴尬事··················198
学会用自省调整心态···················202
求职路上与自省、自信相伴···············204
在自省中走向成功····················207

第八章　提高理财能力化解危机·················212

大学生在校期间就应该学习理财·············212
毕业学理财摆脱"口袋危机"···············215
理财的"一个中心，两个基本点"············220
大学毕业生如何制定理财规划··············222
养成记录财务情况的习惯·················223
投资赚钱需注意的内容··················225

大学毕业生理财之最 …………………………………………… 227

第九章 掌握秘诀构建人脉网络 …………………… 232

经营人脉是你人生成功的开始 …………………………… 232
大学毕业生构建自己人脉圈子的途径 …………………… 236
成功构建人脉网络的十项原则 …………………………… 243
本着交往原则对待你周围的人 …………………………… 249
在新单位如何建立人际关系 ……………………………… 252
五招帮助你提高社交技巧 ………………………………… 257

第一章 职业认知别再眼高手低

择业就业是每个大学生都要面对的问题。现阶段大学毕业生在职业认知上普遍存在眼高手低的情况。大学毕业生要实现自己的理想和抱负，实现自己的人生价值，就应脚踏实地，不断努力。只有端正心态，避免眼高手低，才能实现成功就业，进而实现自身的梦想。

毕业生如何提升自我认知能力

自我认知是心理学的内容，指的是对自我的了解、评价的能力。大学毕业生是否具有较高的自我认知能力，直接决定着就业的成败。

现在的许多毕业生的最大特点就是没目标，不能给自己定位。今天看这个好，学了一会儿，明天看那个好，又研究了一番，结果是熊瞎子掰玉米——掰一个丢一个。而成功人士总是给自己很准确的定位。事实说明，一个人只有给自己明确的定位，并付出相应的努力，才可能取得成功。

1. 自我定位清晰是就业成功的关键

一是职业定位模糊。大多数毕业生在毕业前，一直找不到自己的定位，没有从自己的实际出发，客观地分析、评估自己的专业水

平、业务技能、兴趣爱好、性格特点、身体条件等，没有认真思考职业定位问题，也没有职业生涯规划。他们总是盲目就业、匆忙就业，边走边瞧，边走边跳，走一步，算一步，其中很多人毕业一年内就跳了五六次槽，成了名副其实的"闪跳族"。

二是错误地评价自己。在现代职场中，求职者要选择用人单位，用人单位也要选择求职者，这就是双向选择。有的毕业生在择业过程中，要么定位过高：工资看外企、职位看白领、单位看名气、环境看气派；要么定位过低：不管什么职业、什么岗位，有工作就行，结果就是自己的专业无法应用，自己的特长得不到发挥。

三是易受社会因素的干扰。一些毕业生毫无主见，明明已看好某个职位，该职业所要求的能力也与自己的综合能力匹配，可亲朋好友一表示反对或怀疑，自己就动摇了、放弃了。加之一些用人单位以文凭取人、以学校取人，也让毕业生无所适从。

四是心理素质不过硬。在激烈的就业竞争环境中，毕业生既要与往届毕业生竞争，又要与同届毕业生竞争，还要与下岗失业人员竞争，这"三重压力"，导致其在择业中或盲目从众，或消极逆反，或过于自尊，或过于自卑，产生一些心理障碍。

2. 把握自身优势是就业成功的条件

大学毕业生必须充分认识自身的特点和优势，清楚自己的长处和"短板"，在求职择业的过程中要扬长避短。比如，如果你的语言表达能力强，在用词、造句、阅读、写作等方面表现出色，可以从事行政、文秘、编辑、翻译等工作。

每个毕业生必须充分了解自身的优势和劣势，找到适合自己发展和能体现自身价值的工作，否则，盲目求职、盲目工作，到头来发现自己职业选择错误，恐怕又要重新来过，那样就浪费美好的青春年华了。

3. 战胜心理弱点是就业成功的前提

一些企业的经营管理顾问在数所高校做就业创业指导，并经常受企业邀请去做面试主考官，到高校做现场演讲，也组织了数场应届大学毕业生双选会。他们发现许多毕业生求职材料编得非常精致、规范，非常有吸引力，如果不现场面试的话，或许就会被其深深吸引和打动。

事实上，在面试的过程中，许多毕业生不是语言表达不清楚，就是不懂得展现自身优势。有的毕业生甚至一走进面试场地，面对阵容庞大的考官，或手足无措，或张口结舌，缺乏勇气和自信，有的更有意思，在整个面试过程中，连头都没抬起过一次。如此的面试，结果可想而知。

所以说，对于面临职业选择的毕业生来说，能否战胜自身心理弱点，直接影响到其择业的成败。毕业生必须要跨过三道"坎"：一是自愧不如的心理；二是犹豫不决的心理；三是自视过高的心理。

求职择业是人生的一个重要转折点。面对这一转折，毕业生既要做到知己知彼、权衡利弊，又要不失时机，抓住机遇，要有自信

心，要相信自己和名校生一样有实力，要敢于竞争，克服自卑、胆小、怯懦等心理障碍。

4. 放下思想包袱，理性看待冷门职业

毕业生求职时应客观分析和把握职业的"冷"和"热"，做出自己正确的选择。有的职业，现在看起来属于冷门，但随着时间的推移，社会经济需求的变化，很可能转变为热门职业。例如，教师职业就是由冷门变为热门，因为教师这一职业相对较为稳定。又如，由于前些年许多学生都想到企业当白领、搞管理，而忽略技工、技师等蓝领职业，造成现如今蓝领职业人才供不应求，其工资待遇明显提高，技术职业也会成为热门职业。

因此，毕业生对冷门职业一定要用发展的眼光来看待，不要轻易放弃，在许多求职者都追求热门职业的时候，不妨选择有发展前景的暂时属于冷门的职业就业，这样当然也容易获得求职的成功。

5. 打造个性品牌，拓展发展空间

产品除了质量好外，还要品牌形象好，这样才会得到消费者的认同，才能有更大的市场需求。同样，毕业生要想在激烈的竞争中脱颖而出，也要打造个性品牌，进行个性品牌设计，要善于找出自己与他人的不同点，找到自己的独特价值，这是个性品牌设计的关键所在。

首先，毕业生必须有一技之长。精湛的专业技能是个性品牌建

立的关键要素。只有个人技术专而精,自己的个性品牌才有价值,个人的发展空间才会更加广阔。

其次,打造个性品牌还必须强调个人的学习能力。打造个性品牌是一个长期的过程,要不断学习新知识、补充新内容,学习那些对自己职业有益的东西。

最后,要学会包装、推销自己。包装就是要成功地展现品牌的个性和特色,让他人充分地认识到你的价值,但同时应注意,包装要适度,因为过分的包装会对品牌产生负面影响。

总之,大学毕业生面对新的选择,首先要做到的就是心静,不能浮躁。人只有在冷静的时候考虑问题才能不被情绪所左右,所以冷静是前提。其次,要多接触社会,多学习各种知识,多做一些困难的事情,有了这些积累,就能在一定程度上提高自我认知能力。要不断地学习新的知识,这样才能够不断地充实自己,不至于夜郎自大。因为只有不断地求知,人才能不断地重新认识自己,然后对自己提出新的目标和要求。人的进步不是一朝一夕就能够完成的,我们需要用心去体会,不断完善自己。

改变追求舒适安逸的畸形择业观

追求舒适安逸是一种消极对待就业的表现。很多大学毕业生由于父母的宠爱,从小娇生惯养,只追求舒适、稳定,不愿意面对风险,不愿意接受竞争,受不了挫折,克服不了困难,因而形成了追求舒

适安逸的畸形择业观。他们恨不得第一次投简历，就获得笔试、面试的机会，并顺利签下协议。他们希望很快就能成功，希望自己顺顺利利地找到一个好工作，不希望在就业中有那么多曲折、那么多坎坷。这种"舒适就业"的观念，反映出现在的大学生缺乏主动出击、吃苦耐劳、承受挫折的精神。

"睡觉睡到自然醒，上班不累常加薪"，多么轻松的工作状态，这是许多人的梦想，尤其是那些已经体验到工作辛苦、竞争激烈的人们的梦想。这是何等美丽的一个梦，然而，这可是个隐藏着职业危机的梦！让我们先来看两个案例。

案例一：莫先生本科毕业后分配到某大型国有企业工作已14年了，工作和专业很对口。刚开始工作时，莫先生干劲十足，可渐渐地，他发现，工作并不需要多努力。单位里人多事少，于是他常在工作时间和同事聊天，看报。起初的几年，他还想过跳槽，可又很留恋这份轻松而且收入不错的工作。就这样，他轻轻松松地过了十几年。直到最近，企业改制了，莫先生下岗了。这时，他才意识到自己的专业知识全丢了，再看看以往的同学，不是担任大公司的中高层管理人员，就是通过自主创业已成为成功人士，自己简直没有脸面再见他们了。

案例二：宋小姐在本科阶段是高才生，毕业后到了某公司。随着通信行业的发展，宋小姐的工资水涨船高。近八年的资历让宋小姐成为公司的A级员工，享受较高档次的福利待遇。宋小姐工作的具体内容是负责数据处理，对于专业对口的她来说，其技术性并不复杂。

2011年，她又有了一个可爱的儿子，休假期间仍享受月薪过万的待遇。于是，宋小姐的生活在这份工作的保障下显得特别的安逸。但是，宋小姐对自己的工作有种危机感：与她同时进公司的同事都有了不同幅度的提升，到了相应的管理岗位，而自己仍在做技术性的工作。虽然她在技术上要指导几个资历浅的同事，但他们的岗位职责是差不多的。宋小姐甚至常感觉自己就像是温水中的青蛙。

莫先生和宋小姐的工作都过度安逸了。在职业竞争近乎残酷的城市生活中，他们看似幸运，通过一分的付出就能换来别人靠加倍努力才有的生活质量。但是，我们要知道，有忧患意识不是坏事，未雨绸缪更是亘古不变的真理。生活不欢迎不进取的人，工作更不垂青只懂享受而不知努力的人。

过度安逸的工作会给你带来许多负面的影响。首先是与时代脱钩，与职场脱钩。长时间在一个相对固定的工作环境中，熟悉的人、熟悉的事物会让你的思路范围缩小，你关注的内容也越发有限。而现在的社会环境中，尤其是职场中，新的职位、新的工作模式层出不穷，自足安逸的你是不会对新生事物感兴趣的，你和外界的沟通会在享受中渐渐减少。

过度安逸的工作会使生活、工作节奏放慢。轻松而且熟悉的工作不会使你有节奏上的紧迫感。人做事是需要有压力的，没有压力的人是不会督促自己的。于是，时间在你的享受中变得悠长而无味，你的性格也变得懒散且没有精神，这样做事的效率自然低下。

过度安逸的工作会使一个人的职业竞争力下降。没有压力的工

作,不会让你有动力继续提升自己。许多人因为工作轻闲,学习外语,将其作为一种分配时间的方法,但有多少人能学得有效果呢?没有目标的学习是很难有成绩的。在熟悉的工作中,你的专业技能有实质性的进展吗?你的沟通能力、你的思维能力、你的应变能力、你的创造能力、你的自主性等,会得到提高吗?舒适的环境只会使你的这些职业竞争力不断下降。

同时,如果没有意识到自己的职业竞争力在下降,你对自己的职业规划也会是一片空白。你把自己的生活依附在了这份舒适的工作上,你就会缺少为自己规划前途的动力。就像莫先生,他过度享受的结果我们已经看到了,从本科生到下岗人员,这中间存在着多少的损失和无奈。宋小姐对自己的工作已有了份担心,她今后的发展是否顺利在很大程度上要看她对目前这份安逸是否具有依赖性。

过度安逸的工作对于职场人生理上的影响也是值得重视的。首先是智能下降,不勤奋的人,大脑功能退化,思维迟钝,分析判断能力降低。其次是免疫力下降,贪图享受者活动少,精力和体力下降,抵御疾病的能力也就相应降低。再次是心理上的折磨,事业上无所作为会影响周围人对你的看法,并进一步影响自己的心态。另外,由于对外界环境的适应能力降低,会导致力不从心的情况出现。

所以,在工作上过度安逸的人,应该充分认识到自己的职业危机,积极反思、分析自己的现状,并寻找可能的对策。在这里,上海一家管理咨询有限公司的职业咨询专家建议大家从以下几方面来进行思考,以尽快寻求新的解决方法。

1. 找一份人才招聘广告来比照自己

找一份人才招聘广告，针对自己从事的行业与岗位，看看哪些应聘条件符合要求，自己还有什么优势，自己还缺什么技能。这是发现你职业危机的一种便捷方式。

2. 收集一些本行业的信息

收集的信息包括两方面的内容。一方面是行业的发展现状，是处于上升期、成熟期，还是衰退期。另一方面是行业的竞争状况，有哪些主导型企业，有哪些新的发展模式。这些信息会从宏观上指导你的职业发展方向。

3. 收集本企业的信息

近距离、全方位地重新考察一下自己所在的公司，从其经营模式、市场地位、规模大小、近期目标和长期目标、管理体系、领导人风格、企业文化等方面考察其发展状况，并结合外部行业环境，看看公司是否具有行业竞争优势，有哪些优势，这些优势是否有利于你的发展。

4. 反思自己

你现在做的工作是否真正适合你自己，这是你需要认真反思的。从三个方面，即兴趣、能力和性格出发，回顾一下你工作中成绩在哪里，你怎样取得的，你是否为此有成就感，你的失误在哪里，是什么原因导致的。再看看从组织结构上出发，你的岗位处于什么样

的层次，你的发展空间在哪里，你是否有发展动力等。不要对你的工作环境熟视无睹，要善于从熟悉的事物中找寻新的问题，新的关注点。

5. 规划你的职业

做好以上的思考和分析，就是为你的职业规划打基础。让自己警醒起来，保持危机感。过度安逸的工作不会是你职业生涯的终极目的地，你必须为自己做好长远的规划。只懂得享受而不去开拓的人是很容易被职场淘汰的。

抛开"专业不对口"的顾虑

按照一般的理解，专业是一种特长。经过四年甚至更长时间的学习，专业已成为大学生在就业竞争中的一个法宝。选择与本专业相关的职位，不仅可以增强信心，而且在工作中会更容易上手，在以后的晋升发展过程中，也会获得更多的机会。

然而，实际情况又是怎么样的呢？某教育数据咨询机构对22万大学毕业生的问卷调查显示，平均三个大学生中就有一个人从事与专业无关的岗位。如果对所学专业特别感兴趣，该专业的市场需求或发展空间又很大，完全可以花费较多的时间和精力执著地追求专业对口。但换个角度看，大学生的学习不能单纯强调专业知识，还要强调思维方式、适应能力、生存能力、发现问题和解决问题的能力，专业知识不应该是上大学的唯一收获。同时我们知道，跨领域知识和经验的相互渗透，往往会激发出超常的想象力和惊人的创造力，如医用CT（电子计算机X射线断层扫描技术）的发明就是物理学和医学的完美结合。

事实上，大学四年的学习不过是入门教育，重在学会学习、学会生存、学会关爱。真正的专业技能是在工作实践中，通过有针对性的再学习以及从业经验的积累，逐渐形成。因此，把学了几年的专业知识暂且储存，放眼新领域去汲取新信息、增长新才干，很可能因此开创出一片职业发展的新天地。因此，在就业选择时，不仅要从专业和兴趣出发，还要把用人单位的客观需求和自我潜质相结合，去寻找一个落脚点。

小张是某高校外贸专业的应届毕业生，英语已经达到专业八级的她一直想到外贸企业工作。她说，专业以外的工作自己想都没想过，就连现在最火的公务员考试也没去问过，因为她觉得自己的专业知识适合从事外贸方面的工作。可简历投过不少，就是因为工作经验不足，她一直没被录用。小张说，她还会坚持找适合自己专业的工作。

与小张不同的是，小李捧着计算机本科的文凭，却被学校推荐进了投资银行。虽然专业不对口，但小李想：英雄总不会没有用武之地，于是没有犹豫就去了。每个新员工都按照程序参加了轮岗培训：储蓄、会计、结算、信贷等。那时候，虽然整天打拨算盘、记账，但小李还是得到机会就表现一下：用自己的计算机特长为银行编了一个对账的程序。如今，小李已经凭借她出色的表现成为银行

的管理层一员。她认为，学以致用固然是不错的选择，但是做自己喜欢的工作，即使它与大学所学的专业无关，只要有从零学起的热情，一样可以开创令人羡慕的事业。

上面这两个例子在大学毕业生中很有代表性。据有关机构调查分析，与工作相关度较高的专业，如工学等学科，一方面专业性较强，毕业生掌握了更多的专业技能，在自己熟悉的领域更具优势，同时较高的专业门槛也导致其他专业的毕业生想要涉足这些领域难度较大；另一方面本专业就业环境较好，提供了较多的专业岗位。

那些与工作相关度不高的专业，如哲学等，一方面，在对该专业学生的教育培养过程中，相对更注重综合素质的培养和思维方式的训练，虽然没有过强的专业性，但毕业生的综合能力可能更强，更容易适应与所学专业不相关的工作；另一方面，本专业的就业环境不够理想，或者是就业面过窄，或者是毕业生供大于求的状况太严重，迫使更多的毕业生不得不从事与专业不相关的工作。

因此，对于个人而言，无论你毕业前攻读什么专业，都有一些"前辈们"为你提供了选择不相关工作的先例。所以，尽管抛开"专业不对口"的顾虑，争取你心中理想的工作吧！

克服择业求"稳"的心理预期

择业求"稳"心理，是指从职业的稳定性出发，追求工作职位的安稳、清闲、福利待遇好等，不愿意选择有风险、有挑战性的职业，更不敢去自己创业。

稳定就业是许多大学生在求职时最强烈的愿望，这种求稳的意识首先来自于家庭。现在的大学生大都是独生子女，其父母常常宁愿自己吃苦，也不忍心让孩子受苦、受委屈。这种希望孩子找个稳定工作的想法是可以理解的，但本身也不乏溺爱成分。另外，这种求稳的意识也来自于社会主流价值观。究其根本，这种意识来源于大学生的内心，来源于人本身的惰性，来源于对压力与未知风险的回避。从本性来看，人总是下意识地寻求安逸和舒适。但大学生在选择职业道路这个重大问题上，如果简单地依靠"下意识"来作决定，总是迁就本能的惰性，那就太危险了，很可能会抱憾终生。大学生应该注意挖掘自己内在的活力和突破的激情。这种超越的激情和活力是大学生最为宝贵的财富。大学生们千万不能在保守求稳中消磨了激情、消磨了生命活力。

大学毕业生应当有激情，努力干一番大事业，去新的领域开拓进取，去挑战有创造性的工作，不仅能给社会带来更多的活力，也会使自己的人生价值得到实现。

在一个健康而活跃的经济环境中，激烈的市场竞争是一定会有的。竞争才会使市场有新鲜的"血液"，而竞争必然会导致优胜劣汰，必然会有人失业。其实，"稳定"不应该是任何单位应该具有的特色，换而言之，有"稳定"的特色是不正常的。如果说某种工作很稳定，这种工作可能是缺少吸引力和较大的发展空间。

因此，大学生有没有应对变化的本领，有没有自我成长的能力，

能不能在工作中不断提升自己,能不能持续地为社会创造价值,这一点更为重要。因为有能力才有稳定。当一名大学生成长为经验丰富、技能精湛的职业人时,他将从忠于企业转化为忠于职业,从企业人转化为社会人,而这时,他的职业能力就创造了真正的职业稳定,这样"稳定"也就掌握在了他的手中。

努力抓住高薪就业的机会

高薪是许多人的追求目标,因为"人往高处走,水往低处流",谁不盼望日子过得好些,生活质量高些?因此,抓住机会使自己的薪资上一个台阶,是职场人要懂得的一个法则。

那么,谋求高薪都有哪些正确的途径呢?怎样才能在求薪路上少走一些弯路?如何提升自己的"含金量",让自己更值钱?我们来看看下面的案例。

吴丽是北方一个小城市的中学英语老师,毕业四年了,工资一直不高,她常常因此而心情不快。还曾因为一次不合理的涨工资,气得哭了一场。那是工作的第三年,学校准备给一批人涨工资,吴丽讲课受学生欢迎,业务能力很强,本在考虑范围之内,却被他们英语组一个业务能力不强但有背景的人给顶了下来。从那以后,吴丽总是想到外面去发展,可心里又没底,怕到外面没找到工作,家里的工作又丢了。她左右摇摆,举棋不定,转眼暑假的机会就又错过了。难道还要等到下个学期吗?于是,吴丽委托朋友帮助推荐工作并给她做面试指导。在朋友的帮助下，吴丽利用9月16日第一次教师招聘会，找到了合适的工作，她的心情随着薪资的提高而变得很好。

求得高薪不是盲目而求，高薪收入者除了在基本素质上占有优势外，还对以下几个问题了解得很清楚，因为只有这样才能做到知己知彼、百战百胜。

1. 了解市场行情

人才价格实际上反映了供求关系，符合价值规律。我们需要了解市场行情，并弄明白如下几个问题。目前，市场上对人才的需求如何？自己属于哪类人才，目前市场上的供求关系如何？未来五年内，此类人才的价格将是什么走势？

很多时候，职场上取胜在于"职商"的高低，在职场上拼搏需要有较高的"职商"。许多人对自身定位不准，是出现薪酬预期与实际不符的常见的原因。许多人只顾拉车，不抬头看路，当市场行情看好时，却全然不知，还以为自己薪水不错，在职场上春风得意，结果失去了很好的发展机会。更多的人过分自信，觉得通过改变、充实、提高自己，使自己的技能和经验更加丰富，优越的收入福利和工作环境也就会随之而来。殊不知，市场风云变幻，如果对市场的变化和行情处在无知和盲目的状态，而自己对自己的心理价位却还在不切实际地提高，那么也很难有所突破。所以，为了给自己准确定位，职业素质测评和职业咨询指导已成为许多人，尤其是大学

毕业生在求职或准备跳槽前做出选择的一个重要依据和参考，他们以此而获得清晰的职场发展思路，以应对日益激烈的人才竞争和变幻莫测的市场形势。

2. 了解行业状况

你所从事的行业人才的数量以及企业对你的需求程度也决定了你的个人价值。如果你在一个处于下坡趋势的行业里，你显然难以长久地获得高薪。所以，你要好好进行研究，寻找能快速成长或高回报的行业，如热门行业或正处于上升阶段的行业。这样你会有比较多的机遇，个人发展空间也自然比较大。如果你选择的行业现在专业人才紧缺，那么加薪的可能性则很大，如软件测试行业等。

当然这些行业吸引着一批又一批的人才蜂拥而入，竞争也自然相当激烈。所以，你也不能铤而走险，放弃了原来的专业知识、积累经验甚至人脉资源，在高收入行业里做"尾巴"，否则，行业虽然"肥"，但自己却付出了巨大的代价，不但没能在热门行业中淘到金子，反而在激烈的竞争中败下阵来，无功而返。

3. 了解企业经营状况

吸引人才的第一要素一般是薪酬，当然也有人把企业文化、企业知名度排在首位。但进入一个知名的企业，企业的高绩效是员工高薪的保证，你要设法对你想要进入的企业进行了解，比如，单位的经济实力如何，它的组织结构是否合理，技术是领先还是陈旧，产品在市场上的覆盖面和前景怎样，企业是否为员工提供了广阔的发展空间等。为此，你应该时刻关注企业的发展趋势，了解行业的最新动态，并且思考企业在未来的发展趋势中，需要什么样的技术或才能，以便及早准备，使自己的个人价值不断提高，使自己成为企业需要的人才。这样你就能始终处于高薪阶层。

4. 了解老板的想法

在企业里，老板通过员工的表现了解其能力、品行与态度，决定是否雇用该员工。老板喜欢敬业、肯干、踏实的员工。所以，对于员工而言，要想在企业有所作为，要以本职工作为依托不断努力。要从基层干起，了解企业的运营过程，掌握自己岗位的全套业务。当工作中出现意外问题时，能用真本事及时果断处理的员工，会获得老板的赏识和同事们的尊重。当企业加薪机会来临时，你自然在名单的前几位。企业里上至中层管理者，下至员工，每个人该拿多少钱，老板心中都有一杆秤。

5. 了解自己的能力

在要求加薪的所有理由中，什么也比不上实力和业绩更有说服力。高薪来源于个人工作的高绩效。企业付给员工薪水，就是期望员工完成自身工作所规定的职责和任务。如果你能做出更高的业绩，你就能获得比别人更高的薪水。要用好优势资源，打造核心竞争力，使个人价值在持续的挑战中有所提升。

一些企业都有非常明确的工资结构。多数企业薪资的制订都按照3P＋2M的原则，即实际业绩（Performance）、岗位职责（Position）、个人能力（People）、参照行业市场（Industry market）和人才市场（Talent market）。公司会根据职位范围的大小、工作的复杂程度等来确定工资的级别。工资的增长跟员工的业绩是紧密相连的。因此，要想获取高薪，首先应提高自己的能力。

除了具备基本的能力和专业知识，还要掌握一些特别的技能，如计算机能力、英语会话能力等。特别是在外企，外语能力和专业知识水平越高，竞争力也就越强。从这个意义上说，拥有的技能越多，越容易在企业中立足。

另外，了解自己的能力也有助于提高自己的社交能力，从而为获得高薪赢得外部支持。几乎所有的高薪收入者在处理人际关系方面都特别有优势。事实上，妥善处理与每一位同事的关系，拥有高智商和良好的人缘，具备处理问题的能力，都是加薪的重要条件。

正确调整对工作岗位的认知

岗位认知是对一个工作岗位的理解和认识，包括准确定位角色，理解岗位职责，掌握工作技能，掌握丰富的知识。

我们大学毕业生在选择岗位时也要更加理性和务实，正确调整对工作岗位的认知，只要是有社会价值的岗位都应认真对待、努力争取，以求实现自我、收获工作和生活的快乐。

1. 准确定位角色

作为一个人，尤其是一个职业人，最重要的就是要找准自己的角色定位。所以，我们必须学会不时地问一下自己"我是谁"，并给自己找到准确的定位。

一是定位过高。大学毕业生刚进入社会，往往对自我的评估过高，总是认为自己什么都可以做，于是就出现了眼高手低的状况。要改正定位过高的错误，就要多向同职位的同事学习，在学习中提升自己的专业素养，用自己的实际行动来证明自己。

二是定位过低。比如一个人由较低的职位晋级到较高的职位时，不能马上适应现在的职位，总还以原有的岗位职责要求自己或者以原有的工作方式行事，这就有可能与定位过低有关。为此，应该认真解读现有岗位的工作职责，向同职位的同事寻求支持与建议。

三是角色错位。出现角色错位的情况较多，一个人在不同的时期、不同的职业阶段都会出现这种情况。例如，一名销售助理在协助领导做完一次年度营销规划后就认为自己具备了战略规划的能力，于是在后期的工作过程中，看到很多自己解决不了的东西或者企业做得不完美的地方，就凭空发牢骚、议论，认为某项工作应该如何如何做，把自己由一个执行者定位为一个战略规划者，这就是一种角色错位。我们应该用宽容的心态看待周围的人与事，用他人的行为检验与校正自我，推动自我的提升。

2. 了解岗位职责

岗位职责是企业实施标准化管理的基本制度。它明确了岗位的主要工作内容和基本要求，通俗地说就是回答了该岗位人员应该做哪些事、做到哪个层面、做到什么程度。干一行就得爱一行，只有把自己的职责牢记在心，才能把工作做好。

3. 掌握工作技能

无论你从事什么工作，都要努力掌握一些必要的工作技能。当你主动提高自己的工作技能时，你应当明白，自己这样做并不只是为了获得丰厚的报酬，还为了自己长久的发展。

只有多掌握一些必要的劳动技能，才能在自己所选择的行业中有所成就，不断超越。我们可以看到，大凡有成就的人，总会在工作时间之外努力提高自己的工作技能。这种额外的付出，让他们在工作中游刃有余，从容自若。

4. 掌握丰富的知识

知识就是力量。在当今社会，要时时注意学习和积累，读有用的书籍，总有一天你会发现它们有很大的用途。知识将会使你在工作中如鱼得水、不断进步。

以一些公司的小员工为例，他们虽然工作很累，薪水微薄，但总是拼命地挤时间看书。他们参加各种补习班，默默积攒力量。也许在一个不经意的时刻，他们所积累的知识便能派上用场，发挥出举足轻重的作用。

在我们的生活中有很多通过不断积累知识而获得成功的人的例子。但也有很多人将自己的时间浪费在一些无关紧要的事情上，或吃喝，或玩乐，唯独不学习。他们常说自己没有成功是因为机遇还没有降临，然而当机遇降临，上司派他们做某件事情的时候，他们却手足无措，因为他们没有能力完成任务。机会就这样从他们手中溜走了。

有人曾说："如果每天花10分钟来阅读名著，20年后，你的思想将会有大的升华。"在思想上如此，在工作中也是如此。如果你每天能抽出10分钟来补充拓展专业知识，那么不用等20年，成功就会降临到你的身边。

不要抱怨你没有时间，时间是海绵里的水，只要挤总是有的。不要抱怨自己职卑薪微，机会总是垂青有准备的人。所以，从现在开始努力吧，抓紧可以利用的时间，努力丰富自己的知识，这样成功一定会来敲你的门。

树立从基层做起的观念

从基层做起就是从最底层做起，就是从基础做起。大学生刚刚毕业，基本上什么经验也没有，为了更好地发展，应该树立从基层做起的观念。

大学毕业生树立从基层做起的观念具有以下几方面的重要意义：

一是增强大学毕业生的沟通能力。在基层工作时会遇到形形色色的人和各种各样的问题，只要大学毕业生善于观察和沟通，不用多久就会成长很快，沟通能力也会在实践工作中得到提高。

二是增强大学毕业生处理事务的能力。大学毕业生从事基层工作，会得到不同程度的锻炼，在工作中学会各种技能，同时学会处理各种事务，如学会处理好自己和领导、自己和其他同事的关系。

三是有利于加快大学毕业生的成长步伐。在工作中，大学毕业生必然会遇到各种各样的问题和实际的困难。努力去解决问题和克服困难的过程，就是增强人的应变能力的过程。从事基层工作往往都不会顺心如意，在基层工作中，大学毕业生会遇到各种各样的失败和挫折，克服失败和挫折会大大提高自己的心理素质和承受能力。

四是理论与实践相结合。理论知识与实践工作接轨是从事基层工作的好处，这会使大学毕业生更好地认识到理论联系实际的重要性。

那么，大学毕业生应该如何从基层做起呢？

1. 改变观念，积累工作经验

每个人都有自己的优点。大学毕业生要放下自身的架子，虚心向每个人学习，改变自身的观念，努力从基层做起。大学毕业生要在工作中积累经验，提高自身的综合素质，把自己锻炼成经验丰富的人才。通过坚持不懈的努力，大学毕业生的工作经验会增加，做起工作来也会更加有效率。

2. 踏实工作，坚持理想

大学毕业生应该认真地做好每一项基层工作，把理想和空想区别开来，做事要认真，要踏踏实实地工作。这样大学毕业生会发现自己得到了锻炼，对完成各项工作充满信心。踏实地工作会得到领导的好评，更会减少出错概率。大学毕业生有了理想就有了奋斗的目标。为了理想，大学毕业生更应该踏实努力地工作，实现自身的价值。

总之，基层工作是大学毕业生发展的第一步，也是迈向成功的第一步。因此，大学毕业生应该树立从基层做起的观念，在基层工作中更好地融入社会，提高自身素质。大学毕业生应该改变以往的观念，努力从基层做起，踏踏实实地工作，为实现理想而奋斗。

大学毕业生择业心理及调适

大学毕业生在择业时存在许多误区，这对他们走向社会后的发展是十分不利的。因此，只有主动走出这些误区，才能以最佳的心理状态去迎接就业这一人生的重大选择。

具体来说，大学毕业生有哪些择业心理问题呢？针对这些心理问题又该如何进行调适呢？下面几点值得我们重视。

1. 择业自卑感及其心理调适

在择业问题上，自卑感强的人最主要的问题是，对自己的能力

缺乏了解，缺乏自信心。自卑感产生的原因有很多，如生理的、家庭的或社会的等，但主要还是心理因素造成的。比如，在择业中总是拿不定主意，过分退缩，对自己能胜任的工作，也不敢说"行"，显得很没自信等。

每个人都不希望自己有自卑感。那么怎样消除自卑感呢？重要的是要相信自己，因为自卑主要源于缺乏自信心。有句名言是："假如一个人总想着：'我办不到'，那他必然会办不到。"一个人的自信心并非与生俱有，而是在不断战胜困难的过程中逐步培养起来的。其实每个人在生活中都会碰到困难和挫折。正如有的人所讲："上帝不会把所有的幸运都送给别人，而把所有的不幸送给你"。张海迪是不幸的，她失去了基本的生活能力，连行动的自由都没有。但她身残志坚，克服了常人难以想象的困难。她不但获得了硕士学位，还自学掌握了几门外语，翻译了大量的外文资料和著作，赢得了社会的承认，成为当代青年的楷模。克服自卑感的最好办法是行动，要在实际行动中逐步加强一种信念——我干什么都行。

2. 择业焦虑及其调适

毕业分配制度的改革，使大学毕业生求职呈现出多元化的趋势，拓宽了大学毕业生职业选择面。职业选择自由度越大，职业选择行为的责任越重，择业心理压力便越大。例如，这几年实施双向选择、自主择业政策，总有一部分人一时没找到工作，这本来是正常现象，因为要找到本人求职愿望与市场需求的结合点需要一定的时间，甚至机遇。但不少同学怕自己走入这个行列。有的同学对用人单位严格的录用程序，如笔试、口试、面试、心理测试等感到胆战心惊。尤其是面对一些高职、高薪的单位，参加竞争的人越多，录用条件越严格，有的同学就会因此而失去信心。当然有的人因为自己学习成绩不佳而烦恼，有的人因为自己能力低而紧张。这些都是择业心理焦虑的表现。

刚走出校门，没有社会经验的大学毕业生对选择职业这一人生大课题产生焦虑心理是正常现象。一般来说，适度的焦虑使人产生压力，这种压力可以增强人的进取心。人只有面对压力才会迫使自己积极行动起来，产生求胜的心理和行动。这样的战胜压力取得成功的事例不胜枚举。但是，如果过度焦躁、沮丧、不安，自己又不能在一定时间内化解这些情绪，这些情绪就会成为心理障碍。它会严重影响人的主观能动性的发挥，影响择业的进程，甚至造成择业失败。

大学毕业生的求职过程就是竞争过程，即使你得到了比较理想的工作，如果没有竞争意识，不继续努力，也还可能丢掉这个工作。有竞争必定会有挫折，确立了竞争意识，不怕挫折，焦虑的心理就能得到缓解。当然大学毕业生还应克服择业心切、急于求成的思想。因为这样做容易使择业失败，失败的体验又会强化沮丧、忧虑的情绪。另外，客观地分析自己，合理地设计求职目标，尽量减少挫折，增强求职的勇气，也会减少心理焦虑的程度。

3. 择业怕苦心理及其调适

在大学毕业生求职的过程中，普遍存在着攀高心理。他们认为理想职业的选择标准是三高，即起点高、薪水高、职位高。起点高是要求工作环境好，又有发展前途，最好是实行弹性坐班制的单位。薪水高，就是注重经济收入，追求高水平生活。职位高就是要求社会地位高，最好是国家各大部委、各大公司。很多大学毕业生要求所选择的工作要名声好一点，牌子响一点，效益高一点，工作少一点，离家近一点，管理松一点，这是典型的贪图享受怕吃苦的表现。在怕苦心理的驱使下，很多大学毕业生选择职业的面很窄，形成"千军万马过独木桥"的局面。比如，学校一宣布某知名企业招人，几个名额能有几百人竞争。而一些有用人需要但不能完全满足上述"六点"的单位却无人问津。这种情况所造成的直接后果是增加了大学毕业生求职的失败率和困难。怕苦的心理严重影响了择业的成功率，因此大学毕业生求职前应克服怕苦的心理。

要克服怕苦的心理，首先要从思想上认识到能吃苦是一个人基本的素质，不能吃苦就不会有事业上的成功。曾有一些大学生千方百计挤进外企后，又很快跳槽了，其原因是受不了外企紧张的节奏和工作的高效率。另外，也应认识到最艰苦的环境，最容易锻炼人，也最容易帮助人获取成功。

当然，要克服怕苦的心理，培养自己艰苦奋斗的作风还需要实践。大学毕业生要在日常的工作学习中有意识地做好吃苦耐劳的思想准备，这对求职成功会大有益处。

调整就业期望值并正确定位

随着我国高校招生规模的不断扩大，高校毕业生人数激增，就业形势越来越严峻。高校毕业生的就业期望值与用人单位对大学毕业生的要求还存在一定的差距。大学毕业生应正确认识当前的就业形势，抓住机遇，调整就业心态，进行正确的择业定位。为此，需要做到以下几点。

1. 全面认识自己，树立正确的择业观

大学毕业生在择业过程中除了充分了解就业政策和当前的就业形势之外，还必须全面认识自己，找准适合自己的位置，树立把理想与现实相结合、把利益与奉献相结合、把具体岗位和自身发展相结合的正确择业观。

2. 具有良好的择业心态

在当今这样一个充满挑战和竞争的社会里，面对严峻的就业形势以及将来的职业发展前景，大学毕业生应该具有良好的择业心态，能正视现实，敢于竞争，不怕挫折，能客观地认识自我，找出自己的兴趣所在，明确自己的优势。最重要的是明确自己的人生目标，即对自我进行定位。

3. 具有较好的基本素质

根据用人单位对大学毕业生的基本要求，大学生应在学校学习期间培养自己的综合素质：掌握扎实的专业知识，形成基本的专业知识框架；积极参与社会实践活动，培养自身能力；自觉培养诚实正直的品质、团队合作精神、服务意识以及适应新事物和接受挑战的能力。

4. 深入基层，大有作为

不少大学毕业生将择业地区锁定在经济发达地区和大城市。实际上，深入基层寻求工作也是一个不错的选择。随着我国社会的全面进步，工业化步伐的加速，要全面实现现代化，其必然的趋势是走城镇化的道路。近几年城镇化建设有了很大的进展，这为大学毕业生提供了广阔的舞台。因此，勇于深入基层的大学毕业生将大有作为。

总之，大学毕业生在择业定位过程中，应该正确认识当前的就业形势，调整自身的就业期望值，使自己更快地融入社会，获得发展。

必须完成的两道选择题

就业地域的选择和单位类型的选择，是大学毕业生在择业定位过程中必须完成的两道选择题。

1. 第一道选择题——就业地域的选择

某大学医学硕士张某对自己所学的外科专业就业岗位竞争压力做了充分的心理准备，在深入考察后，把求职的重心放在了南京某家大型医院。他认为，自己比较熟悉这家医院的情况。另外，他所在大学在外省市中的良好形象也构成了一种潜在的有利因素。

同样是这所大学的世界经济系本科生李某，发现上海市的银行系统似乎对外地生源的毕业生兴趣不大。他很快调整了就业地域，并获得了相对广阔的发展空间。

就业地域的选择应该遵循以下原则：

一是匹配性。就业地域的选择，要注意两个"匹配"，即与自己喜欢的行业匹配，与自己的能力和素质匹配。如果你对某一行业有强烈的从业兴趣，应该寻找能实现自身行业发展抱负的地区。同时，你要明白自己的竞争实力，"热门区域"的"热门行业"势必吸引很多求职者。你需要问自己以下问题：我能否从众多择业者中脱颖而出？如果不能，我是否愿意放弃行业理想？要是即便放弃行业理想，也难以找到一个单位，自己该怎么办？有一些大学毕业生之所以就业难，就是因为区域定位过高，而自己又不愿意重新定位。

二是动态性。对于就业地域的选择，大学毕业生大致可以分为三类：其一，某一地域的坚定选择者，以北京、上海、广州这几个热门城市的本地生源为多，尤其是北京和上海的本地生源，这些大学毕业生说什么也不愿意离开上海和北京而到其他地方就业。其二，

某几个地域的坚定选择者,这些学生有几个就业地域选择,他们希望自己能在这几个地域中的一个就业,除了这几个地域,其他地域一概不加以考虑。相对于"某一地域的坚定选择者"而言,有几个地域选择的学生具有更大的灵活性,职业选择面更加广阔。其三,无地域偏好者,只要职业合适,有发展空间,对地域无强烈要求,这类学生不多,在大学毕业生中仅占极少数。从有助于更好求职的角度看,做某几个地域的坚定选择者更好。在确定就业地域时,应该有多一点的选择,这样可以拓宽择业的范围。某些时候,还要发扬"第三类"学生的精神,只要职业适合自身发展,可以完全抛弃原有的地域思维定式。因此,大学毕业生选择就业地域,应该是动态的,要根据某地能提供的具体职业发展机会和空间适时进行合理调整。

三是替代性。如果不能在理想的就业地域中寻找到理想的职业,大学毕业生可以采取"替代性"原则,把目光投向"经济圈"。比如,进不了北京,我们可以选择首都经济圈,在北京周围,如天津市和河北省唐山市、秦皇岛市等中选择。

2. 第二道选择题——单位类型的选择

某高校毕业生小刘所学的是电器工程及其自动化专业。她的性格内向,社交范围较小。她学习刻苦努力,成绩较好,虽然英语四级一次通过,可是听说能力较差,英语四级考试听力测试部分得分没有过半,虽经过几年努力,英语听说能力仍进步不大。

在择业中，小刘根据自己英语听说能力较弱的实际情况，首先排除了对这项能力要求较高的三资企业。小刘的第一选择是学校；第二选择是国有企业；第三选择是乡镇企业。

小刘在几次应聘学校教师的试讲中失败、国有企业应聘没有成功的情况下，心态平和地及时与学校所在地一家经济效益较好的乡镇企业签订了就业协议，高高兴兴地走上了工作岗位，成为该乡镇企业的一名技术人员。

单位类型的选择应该遵循以下原则：

一是满足需求。自己的能力与性格适合哪类单位？这是大学毕业生在择业过程中必须考虑好的问题。总的来看，外资企业注重以下能力：英语口语能力、人际交往能力、动手实践能力，要求应聘者性格外向，具有团队合作精神。国有企业除了外向型企业，一般不太强调外语口语能力，现阶段高学历（硕士以上毕业生）者在国有企业更受欢迎。私营企业通常更强调动手操作技能，要求学有专长。高等学校和科研院所目前几乎成了硕士以上毕业生的聚集地，其对专业素养和包括创新精神在内的学术能力有较高的要求。

二是融入文化。据统计，在选错职业的人当中，有相当一部分人没有考虑企业文化。所以，大学毕业生在择业时，要考虑自己的性格、兴趣、特长等是否与单位的文化匹配。

总之，做到一次成功择业对大学毕业生而言并不容易，当理想的职业由于各种因素而与自己无缘时，我们不能放弃追求，要为理想的实现做好准备。

大学毕业生应做好职业生涯规划

大学毕业生在什么时候就应该给自己做一个职业生涯规划？做职业生涯规划有什么好处？职业生涯规划的内容是什么？怎么做一个科学、合理、实务的职业生涯规划？这需要以下几个步骤。

1. 分析你的需求

未来三至五年你认为自己应做什么事情？要成为怎样的人？要大胆地开动脑筋，发散思维，放下思想包袱，排除顾虑，在自己的日记本上写下五至十条自己要完成的事情或要实现的目标。

2. 分析你的特点和优劣势

要分析自己的性格特点、优势和劣势。分析自己的性格特点是否易于融入社会、融入团队？自己的优势在哪里？如何最大限度地发挥自己的长处？自己的劣势和短板在哪里？如何弥补自身的不足和提升自己的综合能力？

3. 规划你的目标

根据你认定的需求，自己的优势、劣势，可能有的机遇来设立自己短期和长期的目标。人的一生有很多目标可以去规划，如你是想做企业家、职业经理人，还是专家？一旦目标确定，那么你的职业道路就会明晰起来。要实现长期目标，必须先实现短期目标。

4. 排除你的阻碍

你要达到自己的目标，就必须清楚自己还有什么缺点和劣势，评估这些缺点和劣势对你实现目标有什么样的影响和破坏力。必须把这些不足一一找出来，下决心加以弥补或改正，你才会不断提升自己的综合能力。因为社会需要的是复合型、一专多能的人才。

5. 完成你的计划

要制订现目标的行动计划，计划要有明确的事项、行动的方法、过程的控制、结果的评估、提升的方案等内容。

总之，大学生毕业生不管是选择就业还是选择创业，首先应该清楚自己的人生需求，分析自己的优势、劣势以及所遇到的机遇和挑战，做好自己的职业生涯规划，确立自己的短期和长期目标，列出明确的行动计划，树立竞争意识和忧患意识等，只有做到这些，才能在激烈的竞争中脱颖而出，成就自己的人生大业。

第二章 随意跳槽不利于职业发展

所谓跳槽成本，是指员工在跳槽时要计算的包括交通等方面的费用以及"隐性成本"。形形色色的隐性成本是许多跳槽者不容易发现的，如在新单位要重新投入精力建立人际关系、赢取信任等。这些都是需要花大量时间、精力和金钱的。因此，大学毕业生在跳槽前务必做好成本分析，否则，稍有不慎就可能导致惨重损失。

大学毕业生为什么要频繁跳槽

有关机构在对大学毕业生频繁换工作的主要原因进行调查时发现："发展空间小"占30%，"待遇低"占21%，"学不到东西"占16%，"领导管理不善"占14%，"不能学以致用"占10%，其他占9%。在对不同学历、职业的群体进行"喜欢自己工作的程度"的市场调查后发现：随着学历的增高，"很喜欢"现有工作的青年比例越来越少，初中文化程度群体为34.9%，而本科文化程度群体却只有19.4%。对于这种现象，有人认为是当代大学毕业生诚信缺失，对所在单位工作不负责任的表现。而大学毕业生则辩解，工作环境和预期的相去甚远、个人能力得不到发挥、待遇低是迫使他们频换工作的主要原因。

在我们周围，大学毕业生频繁跳槽的情况屡见不鲜。很多大学毕业生对于离职原因也有类似上面的阐述，但是根本的原因在于，多数大学毕业生的心态不对。不少刚刚毕业的年轻人都怀有满腔的热情和美好的梦想，梦想着成为被人赏识、驰骋沙场的千里马，希望马上就能找到自己理想中的工作。由于不能摆正心态，所以在入职后他们就会发现工作中存在这样或那样的问题。而这些问题让他们觉得现实中的环境和理想中的环境大相径庭，所以就有很多应届毕业生总在不停地变换工作，并且始终抱有"下一个工作肯定会比这个好"的想法，从而陷入终日寻觅的旋涡，其结果只能是像"跳蚤"一样，终日"跳跃"在各个企业之间，对自己的职业定位非常迷茫。

对于大学毕业生普遍存在的频繁跳槽心态，职业规划师给出了如下建议。

1. 做好先沉淀五年的准备

一个人毕业后五年的积累往往能决定自己的命运。所以毕业后这五年是改变自己命运的黄金时期。一个人毕业后五年培养起来的行为习惯，将决定他一生的高度。毕业后这五年里的迷茫，可能会造成10年后的恐慌，20年后的挣扎，甚至一辈子的平庸。如果不能在毕业后这五年内尽快冲出困惑，那么我们实在是无颜面对10年甚至20年后的自己。毕业后这五年里，我们有很多的不确定，也有很多的可能性。

我们能否成功，在某种程度上取决于自己对自己的评价，这就是定位。你给自己的定位是什么，你就能成为什么样的人。很多时候，定位能决定人生，定位能改变命运。所以，毕业后的前五年越早找到方向，越早走出困惑，就越容易在人生道路上取得成就、创造精彩。无头苍蝇找不到方向，才会四处碰壁；一个人找不到出路，才会迷茫、恐惧。

那么，如何才能把握好自己毕业后的第一个五年呢？想要迅速找到自己的定位就要沉淀。我们看到很多大学毕业生自认为才高八斗，无人能及，尤其是对那些学历低但跟随老板多年的上司更是不屑一顾。他们总认为这种"低就一层"的生活不是自己想要的。然而，"低就一层"不等于"低人一等"，今日的低头是为了明天的高就。所谓人生的价值，就是我们的存在要对别人有价值。因此，你必须选择一份工作作为历练的方式。

2. 做好职业生涯中的第一份工作

职业生涯中的第一份工作，无疑是踏入社会这所大学的起点。也许你找了一份不尽如人意的工作，那么从这里出发，好好地沉淀自己，从这份工作中汲取到有价值的营养，厚积薄发。千里之行，始于足下，只要出发，就有希望到达终点。

对待第一份工作一定要有正确的心态。迷茫与困惑谁都经历过，恐惧与逃避谁都曾经有过，不要把迷茫与困惑当做可以自我放弃、甘于平庸的借口，更不要让它们成为自怨自艾的理由。命运需要自己去把握，想要卓尔不群，就要有鹤立鸡群的资本。忍受不了打击和挫折，承受不住忽视和平淡，就很难达到辉煌。年轻人要想让自己得到重用，取得成功，就必须把自己从沙子变成价值连城的珍珠。

总之，人总是从顺境中获得的教益少，从磨难中获得的教益多；从顺境中获得的教益浅，从磨难中获得的教益深。一个人在年轻时经历磨难，如能正确视之，冲出"黑暗"，那么就会拥有强大的内心和坚毅的品质。大学生毕业后刚刚进入社会所获得的第一份工作就是练强大内心和坚毅品质的最佳方式，这样才有可能在未来攀得更高。大学毕业生只有克服浮躁的情绪和投机取巧的速成心理，给自己的人生做一个清晰的规划，画出自己未来的人生蓝图，并把它分解到你的每年每月每周每日的行动计划中来，才会加快进入人生佳境的脚步。

3. 做好职业生涯规划

一般来说，人的一生可分为五个阶段。第一阶段是萌芽期，即20岁之前。这个阶段是人的价值观、世界观初步形成的阶段。第二阶段是探索期，即20岁到30岁。在这个时期，按人的意识行为的转变一般会有这样一个顺序行为，即从试探开始尝试，然后发生转变，最后对自己的人生有初步的想法。第三阶段是成长期，即30岁到40岁。成长期是人在职场中的各种意识建立和稳定的时期。第四阶段是成熟期，即40岁到50岁。这一时期是人在职场价值最大化的阶段。第五阶段是秋暮期，即50岁到60岁。这是落叶知秋的年龄，

属于职业生涯退出阶段。

从职业生涯的五个阶段我们可以看出：如果一个人尚在职场萌芽期就参加工作的话，对个人的成长是不利的。这个阶段的人在社会中需要用比较久的时间去寻找自己的"位置"和实现人生价值的方式。

从多数人的人生轨迹来看，一般来说，在25岁左右确定下来自己感兴趣且愿意长期从事的工作是可以被理解的，只不过长期无效的积累会徒添自己在生活和工作的烦恼。但是如果一个人到了30岁还在不停地变换工作，没有确定未来的职业方向的话，就有点危险了。正如这样一句至理名言："没有比漫无目的的徘徊更令人无法忍受的了。"你不停地盲目选择就注定你在30岁以后的漂泊和居无定所，毕竟大器晚成的人只是少数。这也是毕业后五年是改变自己命运的黄金时期的原因。

4. 尽早接触社会，积累工作经验

学校可以和一些企业达成一定的协议，让大学生们在不影响学习的前提下，利用周末和寒暑假的时间根据自己的需求选择单位进行学习和实践。这样可以在锻炼自己的同时，积累工作经验。

5. 适当参加一些心理辅导课程

现在的大学生普遍存在各种各样的心理问题，可以根据自身情况和需求定期或不定期地参加一些心理辅导课程，以树立良好的心态、正确的价值观和自信心。

记得一位哲人说："人生就是一连串的抉择，每个人的前途与命运完全把握在自己手中，只要努力，终会有成。"就业也好，择业也罢，只要找准方向，奋发努力，终会成功。对个人来讲，选择什么样的职业生涯就是选择什么样的生活方式；对企业来讲，职业生涯管理是一种人才管理方式，是一种激励人才、留住人才的手段。因此，希望每位职场人士尤其是大学毕业生和管理者都可以管理好自己或他人的职业生涯。

总之，我们当代大学毕业生要意识到自己的不足，找准自己的方向，抛弃昨日的烦恼，把握明日的先机，找到自己一生发展的通道，去实现自己的人生价值。

大学毕业生频繁跳槽的利与弊

某大学新闻系硕士生杨洋在走入社会的三个月里，已经连"跳"三个单位，穿行三个城市，从这个城市到那个城市再到另一个城市，她表示："也不知道能在这里待多久。"

有关部门的报告显示，某一年高校毕业生总数的六成未找到工作，而在找到工作的大学生中，由于各种原因有近三分之一会在一年内有一次以上的工作变动。有人认为，"三月之痒"是大学毕业生的"集体浮躁症"。人事专家认为频繁跳槽不利于职业发展。

跳槽成本至少包括以下五种：

一是跳槽的心理成本。焦虑心理是跳槽期间一定会有的心理状

态，一般出现在新旧工作的交替阶段。对旧工作的厌倦，对新工作的不确定和担忧，都会让人患得患失，心态不佳。这样不仅会影响情绪，影响你冷静、客观地处理问题的能力，还会影响身体健康。

二是跳槽的人际成本。离开一家公司的同时，也代表着这一期间经营的人脉关系可能归零，不仅是同事，公司外部的联络过的合作伙伴、客户、供应商等很可能也会与你慢慢疏远。老关系丢失，新关系要建立、维护需要重新投入，在短期内还看不到效果。

三是跳槽的机会成本。选择一个机会，必定意味着放弃其他机会，包括在原公司的加薪、升职机会。有时错过一次晋升或发展的机会，很可能给职业发展带来重大损失。

四是跳槽的风险成本。到了一个新环境，新的工作任务和人际关系都将是挑战。此外，新公司发展得好坏也难以预料。无论是行业变动，还是公司整改，都会对你的工作产生直接的影响。

五是跳槽的其他成本。到新环境中，难免有一些小费用。一些公司对着装有要求，那么就需要花钱置备衣服。刚开始和新同事的应酬也会让你破费。如果在原来的公司，同事之间都已经熟悉，这些费用则可以节省下来。

频繁跳槽确实不利于职业发展，可为了生活，为了更好的发展，许多人只能选择流动。也许有人确实是"这山望着那山高"，可更多的人跳槽是因为"这山"确实很低，风景很差。对于他们，我们应该理解。他们有跳槽的权利，为了更好的生活，更好的发展。

有人常说大学毕业生不应该频繁跳槽。但是反过来想，人只有在流动中才能找到生活的乐趣，才能寻求到更大的发展。即使最后我们没有取得预想的成功，那也不要紧，毕竟我们努力过。

与"老人们"相比，刚刚毕业的大学生确实更喜欢流动。这种流动不能仅仅归结为浮躁。如果他们能在原单位实现自己的价值，又怎么会寻找更好的工作，寻觅更好的发展机会？

总之，大学毕业生在跳槽前应综合考虑各种成本和因素，认真权衡跳槽的利与弊，这样做出的跳槽决定才不会过于盲目。这样的跳槽也更有意义。

解读"跳槽季"中的各种离职理由

每年春节之后都会出现一个跳槽的高峰。许多大学毕业生在这个时候心中都会蠢蠢欲动。跳槽，似乎成了他们无法回避的诱惑。而离职的原因无非是公司的薪水太低、没有发展空间、工作太单调、现在的职位与期望的职位不符等。只要想跳槽，那么理由就有许多种，你属于哪一种呢？也许下面的案例能让你有所感悟。

1. 加薪后，却离职了

某公司职员朱先生每当面对老板时，好不容易鼓起来的勇气又没了，出现这种情况已经不下五次了。"什么事？"老板问。"有事想请教。"他通常慌忙地另找一个借口。这一次，他已跨出了门口，但那一瞬间却生起一股豪气："希望您能考虑提高我的薪水。"这话

一出口,他立马感到一种说不出的舒畅。老板显然没料到,但很快就控制住了情绪。出乎他意料的是,老板当即表示同意,但加薪幅度需要考虑一下。最后,他加了句:"你为什么不早跟我说呢?"

隔了一天,人事部经理通知朱先生,从这个月起,按朱先生的要求,给加了50%的薪水。这是他有生以来第一次,也是唯一一次向老板提出加薪。

然而,一个多月后,朱先生却离职了!老板大感不解,甚至承诺,如果朱先生还嫌薪水低,可以再加。朱先生离职的原因并不是薪水。"你为什么不早跟我说呢?"朱先生一直在想老板的这句话,如果自己不提加薪,老板是否永远不会考虑他的需求?朱先生觉得,现在这个老板极少珍惜已拥有的人才,或者把自己的人才不当成人才,却总是艳羡别人的人才,当失去人才时,才觉得珍贵,才采取措施。

其实,这件事从某种角度来看,失败了可能会失望,但若从不尝试,则注定要失败。无论替哪家公司、哪个老板打工,永远别忘记你卖的最重要的产品就是你自己。加薪本是正常的事,你绝对有理由主动来扭转这种局面。如果你不大胆去尝试提出加薪,怎么会知道结果就是失败?

2. 此处不留人,自有留人处

某信息技术公司策划人员王小姐有一位女上司。在工作中,她虽然对网站的专业知识并不是很懂,却很爱对大家指手画脚,总希望大家都随着她的意愿去做,因此这大大阻碍了王小姐在工作中的正常发挥。

这位女上司的每一句话都是圣旨，谁也不敢说个"不"字，只好照办，纵然有一千个不乐意也得做。可是每次做到中途出现问题时，她便把工作中的错误算在员工身上，认为员工对工作不负责任或者无能力等，让员工有口也难辩，个个都是"哑巴吃黄连——有苦说不出"。

久而久之，王小姐厌倦了这种工作方式，有时难免会与上司发生冲突，慢慢地对工作没了兴趣，于是也就有了跳槽的念头，"此处不留人，自有留人处！何必要在一棵树上吊死呢！"

最后，王小姐选择了离职。

其实，对于作为员工的任何一个大学毕业生来说，不要尝试去改变老板的个性，因为这是很难做到的，正如老板也不太容易改变你一样。不如试着分析一下老板态度产生的原因并表现出你的理解，这样老板会把你当成同盟者。而你一旦获得了信任，就和老板建立了有效的沟通模式。在工作中，沟通的魅力就在于潜移默化地影响一个人，最终提高工作效率。

3. 为尝试新的工作

邹超是某报社职员，工作了两年，每天的工作都千篇一律，枯燥而乏味，一年中也难有一次参加培训的机会，薪资也无增长，时间久了就寻思着换个工作。他一直都想换一个行业，而最想进的企业是信息技术公司，但他又没有信息技术行业的工作经验，因此离

职念头只能搁浅。

俗话说"舍不得孩子套不着狼",不离开这个公司,就无法寻找新的就业机会和发展的空间。经过反复思考,邹超毅然离开了报社。

几个回合的求职面试,邹超每次都兴冲冲地带着希望参加,又带着失望离开。无奈之下,他只好选择培训,重新为进入信息技术行业做准备。

职场专家指出:在一个有潜力的职场里,个人资本会呈几何级数增值;而把种子和汗水撒到盐碱地里,则可能颗粒无收。在采取新的行动之前,一定要胸有成竹,放弃已有成就的领域而转入他行确实不易,不但要从头学起,而且要承担经济上的损失和精神上的压力。因此,每次对自己职业和发展目标重新设定时,要看是不是"跳"有所值,分析一下你所在的职场是沃土还是瘠地,是不是真的就没有开垦的价值。如果不是,就要从自身找找原因,并不一定非要跳槽转行。

上述这些离职理由具有代表性。几乎每个人都有着不同的离职经历,而每次离职往往对个人发展并没有太大的改变。站在不同的角度来剖析工作中存在的问题,你会发现不用离职,你的工作也能有180度的转变,既拥有广阔的发展空间和公司与你的互信,又避免了经济和精神上的负担,两全其美,何乐而不为呢?另外,对于很多企业管理者来说,员工的"离职原因"是这个部门的重要考核内容,因此也成了"宁可私下抱怨,也不搬上桌面"的话题。那么"人才流失"问题究竟是受雇者不忠,还是雇用者不义?这值得每一位管理者深思。

无数事实说明，很多人都是"这山望着那山高"，总以为下一个企业就是自己最理想的就职公司，殊不知再好的企业也难"十全十美"，总有管理上的疏漏。这些人一旦发现所选的并不是自己所期望的，于是重蹈覆辙，永无休止地徘徊在跳槽与求职的边缘，那么是很难取得事业上的成功的。

跳槽前必须考虑到诸多因素

走，还是留，各有利弊，要先区分清楚。想走的原因是什么？是因为行业环境、企业环境、团队环境，还是个人问题？如果是前三者，有不同的解决思路。比如若因为行业环境，那换企业可能是没用的。如果是因为团队环境，那可能不需要换企业，在内部周转就可以。如果是个人问题，就需要注意，看看这个问题是否可在企业内解决。如果换一家企业，能否解决。企业各有其问题，换一家企业，可能没有 A 问题，但会有 B 问题。所以如果不能了解问题的根本，只是换个地方，未必有效。

那么，在跳槽之前，应该考虑到哪些因素呢？

1. 考虑发展空间

要认真考虑一下留下来和走出去的发展空间各自是怎样的。对于现在的单位，当然比较熟悉，对于要去的企业，可能不是太熟悉，

这就需要多方收集资料，进行分析。要从行业、企业环境、职位等各方面来分析，如行业整体发展状况是否乐观？该企业的文化是怎样的？高管的组成如何？其业务发展战略能否了解到？历史上的变动情况怎样？

2. 考虑未来的职位

未来的职位和现在的职位有什么关联？是全新的，还是顺承的？要关注这个职位的现时发展，也要关注其三年后的发展，结合企业情况一起考虑，比如如果企业的组织架构半年就调整一回，那么，你的职位未必安稳。有时看上去诱人的东西，未必真正有价值。年薪100万元，一年就下台，年薪50万元，但是能够做三年，两者可是不一样的。

要了解这个职位在企业中的位置，有时候，单个头衔看起来很炫目，印在名片上也很好看，但是放在整个企业中，就可能是微不足道的。这个岗位是企业的核心岗位，还是边缘岗位？企业对其的重视度如何？对于上述这些问题要学会判断。一般来说，在招聘时，面试官都会说这个岗位是受重视的，但是招聘是区分不同情况的，有时是因为业务扩展的需要，有时是因为该岗位有人离职而出现空缺，因此，该岗位是否重视要学会自己来判断。另外，如果企业领导习惯每隔一小段时间就改变业务方向，也要警惕，因为招你进来做的事，有可能一段时间后就不存在了。到那时你面临的可能是走人的命运。

3. 考虑收入因素

在新的机会面前，收入有可能增加，也有可能减少。比如进入创业公司，如果收入增加，要和原工作做一下增加幅度的对比，不要只比较净增幅和总数。要注意细节，要关注综合收益率（扣除各项成本之后）。

一般来说，未来的薪资必须高于现在实际收入35%，才有初步的吸引力。每月税后收入是必须弄明白的，每月实际收入和绩效收入比例也必须明确，绩效的考核方法也必须清楚。如果是股票和期权，兑换条件必须清楚。

在对比的时候，要考虑的是综合收益率，包括机会成本，比如你现在单位的期权收入，如果离开，会蒙受多少损失？新的薪资福利能否弥补？福利的具体内容都包括什么？

如果收入减少，要考虑有没有可能引发问题，比如对家庭的影响、对个人生活的影响。目前，很多创业团队都开不出高薪，而纯以股票、期权等吸引人，在加入的时候，起码要考虑自己三年内的生活问题，否则有可能创业梦想还没实现，自己已经衣食无着。要用冷静成就热情，而不是别人说几句好话，立刻挽起袖子就干，这样做表面看上去是热情十足，但结果未必好。不要以为所有的付出一定会带来收获。

4. 考虑家庭因素

跳槽对家庭会不会产生影响？许多家庭问题往往是由异地工作

而引发的。

如果和父母居于一处,要考虑父母的健康状况。如果在异地,是否能够在发生意外情况时及时赶回?

异地工作是否取得"另一半"的支持?对"另一半"会造成什么影响尤其是不良影响?彼此的信任度如何?如果彼此间信任度不足,隔三差五地吵闹,也可能会影响正常工作和生活。

另外,选择异地工作需要搬家,那么涉及的事情就会很多,比如新居的位置等。这些问题都需要认真考虑。

5. 考虑人脉因素

目前我们的很多人脉往往是因为工作而建立。工作变动有可能引发人脉变动。进入新的单位,对朋友、合作伙伴关系等会有什么影响?如果你去的地方是现在单位的竞争对手那里,那么,可想而知,现在的同事很可能会疏远你。有些重要人脉会不会因为工作变动而消失?其重要度相比新的机会来说如何?如何求其利而止其弊?这些问题都需要认真考虑。

在考虑跳槽时,要有清醒的认识:过去的一些成绩有可能是团队协作的结果,单枪匹马地奋斗未必有效,失去了现有的团队,自己在新的岗位上是否能够闯出一番天地?

6. 考虑健康因素

健康是一切的基础。跳槽前要想一想现在的工作,是否因连续加班而影响到了健康？未来的工作是否有拼命加班的可能性？自己的身体是否存在健康隐患？这种隐患是否能够用可能得到的高薪来弥补？

在不少创业团队里，我们可以看到许多人都在拼命地加班，即使是春节也不例外。不过人似乎没能看到这些创始人对于团队成员身体健康的关怀，梦想固然美丽，但一定需要强健的体魄和坚忍的意志才能够实现，因此，身体健康至关重要。

拼命工作，没什么不对。尤其是在创业团队里，更要有一种勇闯难关的精神，但是我们不可能不眠不休地连续奋战很多天。人生需要平衡，需要休整，这样我们才能够走更长更远的路。

7. 考虑地域因素

同城换工作一般不存在太大的地域问题，如果是异地工作，要考虑该地的气候自己是否适应。比如有些人的身体不适应干燥环境，那么，到了一些干燥的地方，可能会不适应。

8. 考虑餐饮因素

吃饭看似是小问题，实则不然。北方人往往吃不惯南方的饭菜，几天不吃面食，就全身没力气。而且餐饮成本也是需要考虑的事情。在有些地方工作可能赚钱不多，但是生活成本也低，一顿饭可能花10元钱就吃得很好，而在一些经济发达地区，10元钱不够买一盘青菜。

9. 考虑到其他成本因素

在这一方面，异地工作表现得尤为突出。异地工作收入可能会增加，成本也会增加，所以要算综合收益率。在异地工作，生活成本会有所增加，比如租房成本（房租本身加中介费用），日用物品的成本，交通成本（公共交通或者私家车）。另外还有关系成本，比如身在异地需要联络感情导致的电话费增加，探亲费用，礼品费用，当然也不可忽视隐性成本，比如奔波在两城之间所花费的时间。

以上分析了这么多，在对比各项之后，对于走与留的利与弊，我们应该有一个清晰的概念了。一句话：谋定而后跳。

跳槽要实现职场收益最大化

面对好机会，谁都按捺不住躁动的心。不过，跳槽最忌冲动，除了职位、薪资等需要仔细权衡比较之外，跳槽的"隐性成本"也不容忽视。职业规划师建议你：在跳槽前务必做好成本分析，否则稍有不慎就可能损失惨重。

杨慧从英国留学回来以后，凭借一口流利的英语和"耀眼"的学历，很快被一家语言培训机构聘用，成为该机构唯一的一名留洋女教师。

进入这家培训机构以后，杨慧发现身边同事的学历都只是大专或本科，说出来的中国式英语也让人似懂非懂。高学历和一口纯正的英语让她鹤立鸡群。该机构给她开出的待遇也是高人一等。由于杨慧"留洋"的名号，来该机构学习的学生也是越来越多，无奈之下，她接收了十多个"一对一"授课的学生。

就在工作风生水起的时候，杨慧却突然辞职了。理由很简单，她计算出自己创造的剩余价值远远大于劳动报酬，她所创造的70%的价值都被老板拿走了，而自己只领到可怜的30%。她感觉待遇不公平，心生委屈，于是选择跳槽。

当老板看到她递过来的辞职报告时，脸上的诧异一闪而过，也许这早在预料之中，老板说："祝你好运！"杨慧信心百倍地走出了那家教育机构，她相信自己能干出一番更好的事业，因为已经有好几个学生愿意单独和她学习英语口语。辞职的第二天，她搬出了该机构为她租的房子，眼下要解决的就是住房问题。杨慧顶着凛冽的寒风看房，与房主讨价还价。终于在一个傍晚，搬家公司将她的全部家当搬到新租的房子里。看着凌乱不堪的屋子，她突然想起几个学生晚上要来学英语。还没顾得上吃饭，她就赶紧联系那几个学生的家长，让学生们来她的新居上课。

令她感到意外的是，杨慧听到了几位家长不同语气的拒绝："杨老师，我还是决定把孩子留在原来的班级，那里的学习氛围好。""杨老师，你的新房子离我们太远了，交通不方便，我们不去麻烦你！""杨老师，孩子的进度跟不上，还是顺其自然吧。"顿时，杨慧像泄了气的皮球。没想到她炒了老板的鱿鱼，家长也炒了她的鱿鱼。

在接下来的日子里，杨慧拿着自己的学历证书和个人简历，穿梭于各个人才市场。杨慧应聘了几家单位，可是负责招聘的人员一

听说她在以前的单位工作不到半年就辞职了,都轻轻地摇了摇头。

如今,杨慧仍然在人才市场里挤来挤去,眼看着日子过得捉襟见肘,她有时候不得不后悔自己当初的轻率。也许有一天,她能够找到自己的新方向,但是那需要花费很多时间和精力。不断地跳槽、跳槽、再跳槽,这样不仅会增加就业成本,也容易使自己成为职场上缺乏耐心和毅力的人。

从上面的成本分析不难看出,跳槽前不考虑成熟,只会让自己蒙受更大的损失。有专家建议:跳还是不跳,一切以职业规划为准。跳槽前,很多人难以冷静、理性地分析利弊得失,只是迫不及待地甩掉眼前枯燥的、不能激发动力的工作。如何降低跳槽成本支出,让个人利益最大化呢?职业规划师提出以下三点。

1. 对当前工作做一张收益分析表

参考跳槽的成本分析,对当前的工作平台、工作环境做一个全面的评估分析,看看自己在这里可以得到什么机会,又有哪些方面对自己的发展有利。相比陌生的环境,熟悉的环境对自己总会有些益处,不能完全否决掉。

2. 尽可能全面地了解目标公司或行业

跳槽不是万能药,不能动不动就用"跳"来解决。跳到新东家难道就不会再有问题了吗?在选择新平台前,一定要耐心地收集资料,对目标公司以及目标行业状况有一个较为全面的了解,结合自身状况，分析清楚了再做决定。

3. 从长远的职业规划角度进行决策

前两步都是在收集各种资料，为你的理性判断做铺垫。如果以你的个人能力不能完成，那么不妨请求外援——职业规划师的帮助。根据自己的现实状况来制订职业规划方案，有了方案，就有了行动的标准，可以最大限度地减少跳槽引发的风险和成本。

总之，在跳槽前我们要冷静下来，重新评估手边的工作，理清头绪，花点时间做好自己的职业规划方案，只有这样才能实现职场收益最大化，做职场上的常胜将军！

奔着高薪跳槽要掌握关键点

在现实中，可以迅速准确地衡量跳槽成功与否的因素就是薪资了，所以大多数人喜欢以薪资变化的多少来衡量跳槽的成败。许多人一听到有比自己目前岗位薪酬高很多的岗位，就开始心动，也不管自己能不能胜任，是不是有助于自己今后职场生涯的发展。但实际情况怎么样呢？

有调查显示，有28.4%的人通过跳槽使薪资增长了10%至30%。薪资涨幅在30%至50%的也不在少数，约占整个调查受众的25.18%。值得注意的是，也有11.69%的人跳完后并未获得薪资的增长，相反，所得的报酬却减少。由此可见，跳槽不一定能换来薪

资的增长。

事实上，若是新的岗位开出的薪水比你目前的薪水高出两到三倍，这时的跳槽风险是很高的。若对方开出的薪水很高，说明企业对这个岗位的职责要求也很高，这时跳槽者一定要慎重，要认真考虑自己跳槽之后能不能胜任工作。

职场中人才的流动将带来大量的空缺职位，在这种情况下，只有掌握几个关键点，才能抢占高薪职位。

1. 准备把握自身价值

李小姐2009年从法国留学回来后一直在某跨国建筑公司的工程技术部担任技术监督。公司高层改组使她本来稳定的工作和生活变得飘忽不定。她再次走进了职场中。但一直在外资企业拿着高薪的她受到了许多公司的冷遇。就技术和业务能力而言，她是非常自信的。她觉得面试时，公司对她的能力还是很认可的，但当谈及薪水时，李小姐觉得很多单位都面露难色，有一两家公司口头上说薪资不是问题，却始终没给她最终答复。李小姐百思不得其解，自己不求身价上涨，但总不至于越跳越低，走下坡路吧？

像李小姐这样的跳槽者应该冷静定位自己和分析职场形势，准确把握自身价值，切莫简单地将自己降价处理。许多"减价跳槽"人士对价格的估计是在自己期望价值得不到满足，跳槽失败等结果基础上作出的判断。假若一个人不适合公司，公司可以找出千万种理由拒绝你，价格就是很好的理由之一。即使"降价"，企业依然会拒绝你。所以在充分了解自己的前提下，跳槽求职者应通过咨询专家了解行业现状、企业发展前景等，做到知己知彼。盲目提价或自降身价都不是明智之举。克服跳槽者个人性格、眼界、知识构成等因素的限制，寻求专业的职业顾问的帮助非常重要。

2. 提升核心能力

孙先生大学毕业后通过家庭关系进入一家国营进出口公司。在这个公司工作了两年。离开了第一家公司，他去了一家五星级酒店。那时是 2010 年，他刚拿了一个 MBA（工商管理硕士）学位，他非常顺利地被任命为总经理助理兼办公室主任。在这家酒店，他负责人员聘用，工资、奖金的制定，对外联络等。但他的老板是个十分武断的人，不喜欢听到不同意见。孙先生为人直爽，对一些看不惯的管理问题总是直言不讳，为此得罪了不少人，最终，他辞职了。辞职后，他发誓要找一个比原来更好的工作，非经理职位不可，但多次投递简历，得到回应的却寥寥无几。

孙先生的主要问题在于核心竞争力不强，无论是专业知识还是管理基础者都不牢。要锻炼和凸显核心竞争力，泛泛地了解一些知识是远远不够的，至少在专业领域内，要一直比自己的同行知道得更多，做得比别人更好。孙先生的行业知名度和职位均不高，所以他无法积累某个领域的核心知识和经验，也就无法在竞争中形成自己的优势。

3. 看清楚前途和"钱途"

璐璐大学时学的是广告策划专业,毕业后却因对口工作难找,不得不进入一家房地产公司做文案助理,专门负责文字处理工作。她的文字功底相当不错,做起这份工作来也算得心应手。但是这份工作同璐璐自身的专业并不对口,而且枯燥的文字处理也让璐璐感到烦恼,可是考虑到很多招聘职位都要求工作经验,璐璐决定先做着,等积累了一定的经验再跳槽也容易一些。

璐璐工作了近一年半的时间之后,开始准备跳槽。但一切并没有她想象的那样顺利。因为璐璐的性格比较开朗,喜欢一些有挑战、有创意的工作,所以非常希望进一家广告公司做广告策划工作,这样既满足了愿望,也符合自身专业。

可是,广告公司这些职位所开出的薪资待遇普遍比较低,究其原因是她没有具体从事策划工作的经验。而那些招聘相关文案工作的职位所给出的薪酬待遇则比较诱人,比现在这份工作的薪资要高出很多。虽然这并不是璐璐喜欢的工作,但薪酬条件毕竟比较诱人,也许是她转行之后一两年之内都无法达到的高度。面对理想和现实,该怎样选择呢?璐璐非常困惑。

遇到像璐璐这样问题的人恐怕不在少数,这就是职业目标与现实发生了冲突。璐璐的经历给我们这样几点启示:

一是前途和"钱途"未必能两全其美。很多人选择跳槽,就是因为对现在的工作心生厌倦,想转行。但我们都知道"隔行如隔山",

如果你想跨越这条"鸿沟",就必须付出一定的代价。薪酬待遇是对工作付出的回报,同时也是你自身价值的体现,而这个价值的衡量标准却并不统一,所以在企业和个人之间才容易产生分歧。像璐璐这样,在她看来广告策划的专业文凭和一年半的工作经验都是跳槽的资本。然而在企业眼里,文案经验与策划工作不是完全匹配的。这种分歧的产生导致了她的职业目标和薪资要求之间的冲突。

二是长效投资和短期收益,你要哪个?很多职业顾问都会建议我们要重视职业定位、职业规划。因为只有确定了自己的职业目标,为以后的职业发展做好规划,才能激发出自己最大的潜力,并不断提高能力,使自身价值得到提升。但这需要一个过程,在一开始,你眼前的利益会受到影响,但是当你铺展开一条合适的职业道路之后,你的收益会慢慢增多。相反,如果你只看重现时利益而放弃自己真正的目标,那么在风光一时之后还能得到什么呢?

三是根据自己的实际情况确定策略,才能实现良好的可持续发展。以璐璐为例,从她外向、善于接受新鲜事物的性格特点来看,策划工作更加适合她。平淡的文案工作已经让她感到厌烦了,如果继续做下去,抵触情绪反而会影响她的职业发展。而如果她从事策划工作,虽然在开始的时候收入不太理想,但随着自身能力的提高,肯定会有所改善,而且这样有利于以后的进一步发展。更重要的是,你还得要正确了解自身的情况,认清自己的不足之处,以便充实实力。璐璐最缺乏的是策划工作经验,所以就应该在这方面加强一下。

高薪、高职位、高福利等因素，在短时间内的确能让职场人感受到自身价值的迅速提升，但是从长远的角度来看，这些所谓的"高价值"都只是相对的、暂时的，如果没有发展，就一定会贬值。事业发展总有几个突破性的关口，就像从量到质的突破需要一定的积累一样，职业发展也如是。当你废了九牛二虎之力仍然没有突破的时候，你就要考虑方法和方向是否正确了。进入高位，可能一步登天，同时赢得高薪，也可能一步踩空，这就要求跳槽者掌握一些关键点，借"力"撑竿，从而轻松跳上高位，拿到高薪。

奔着名企跳槽先要做好考察

寻找可以预见远景的企业才是明智之举，毕竟公司名气大且职务叫得响的工作难求。这个问题想必对那些刚走出校门，胸怀大志，卷起袖子准备大干一番事业的大学毕业生，尤为关键。许多年轻人比较好强，不太注重实际，在他们眼中，只要公司名声大、有气派就行。实际上，这种公司是人才济济，如没真才实学很难在其中发展。

事实上，公司并不是越大越好，越知名越有挑战性。许多大的跨国公司或是知名企业，名声在外，但在中国的业务发展并不是很顺利，在中国的效益并不好，有些业务可能会面临被"砍掉"的境遇，若不小心跳进这样的"机会"，一两年后就将面临裁员的风险。

成熟的职场人，跳槽前首先要弄清楚自己的发展方向，根据走专业和走管理两种不同的发展路线，选择不同的职场机会。为此，要从以下几个方面来考察所要选择的企业。

1. 看企业的专业技术是否位居行业前沿

看这个企业是否是一个注重专业的公司，是否是一个技术人才集聚的地方，他们所研发的产品，是不是能引领整个行业的发展。

2. 看研发领域在行业或企业中的地位

除了选择企业之外，还要了解一个岗位在公司中的地位，要看看该岗位是企业重点投资发展的研究领域，还是处于繁盛期已过而慢慢下滑的领域，在同样的条件下，优先选择未来发展的研究领域。同时，要了解此研究的领域，是否是整个行业发展的方向。

3. 看管理范围能否扩大

对有志于发展到主管或经理级别的人而言，最好的岗位是能扩大管理范围的岗位，比如一些中小公司的高管，会给这些人提供很大的锻炼管理才能的舞台，增加他们适应力和协调沟通能力。

4. 看企业是否具有生命力

选择企业时，不是单纯看规模和人员数量，而是要选择行业里有生命力的"优势企业"。因为这些企业通常发展速度很快，员工晋升也很快，在短短的几年时间，只要员工够优秀，发展成为公司高层管理人员的梦想很快就能实现。若本身已经是非常成熟的稳定的

企业，员工若想在短时间内有大的飞跃，将非常困难。

5. 看公司是否为员工构建了完善的发展通道、培养体系

在跳槽的时候，一定要有双智慧的眼睛，不仅要进一步分析自己现在公司，从多方面审视自己对公司的不满是否客观、公司管理是否健全，相应的人才管理制度有无可能逐步完善。毕竟在一个熟悉的环境工作，轻易言跳总有风险。假如公司前景不好，当然也可以跳槽。对于要去工作的公司的具体情况更应细致了解。这其中不仅包括薪水、福利、公司规模、发展前景。更为重要的是，要知道这家企业是否有健全的人才管理体制，是否有系统的培训升迁规划。对于这些情况，我们不妨在应聘时，有意识地观察公司是否具备这些条件，面试流程是否完善、面试官是否专业、是否采用了面试工具等。

如果是上市公司，可以看企业年报，了解其发展历史、资本组成、历年来股价变动情况、高管资料、高管历年来的变动、销售业绩、利润情况、企业规模、员工人数等，也可以试图去了解企业历史的重大变动，变动造成的影响，可以了解企业的发展战略、执行情况、产品、服务等概况。另外，公开媒体报道中有很多有价值的信息，因为这些资料不可能在变动后被回收，所以这些资料也会成为重要的参考。

需要特别说明的是，不只要看正面资料，也要看负面资料，比如诉讼官司、前员工对企业的评价，这样看企业才会更全面。

要警惕的是，当资料过多时，有可能会影响决策。所以要抓关键，要明白你对企业的要求是什么，有些负面新闻，对你来说未必有用，所以不需要过多关注。可能的话，最好实际考虑一下未来的环境，并和现在的环境做一下对比。

6. 择业的重心应依企业规模而异

有人曾说："大型企业选文化，中型企业选行业，小型企业选老板。"如果选择大型企业，要在择业的过程中要注意考虑公司的企业文化，企业文化是一个公司发展的指路灯，它预示了企业及个人的发展方向，也体现了管理者的领导思路。如果你个人的观点与企业相吻合，那么你可以在此找到合适的发展方向和道路；反之则会受到阻碍。

如果选择中型企业，要注重该企业所属哪一行业。行业与企业的生存空间有很大关系，对那些不大不小的企业来讲，行业特征可能决定了其未来的发展方向。从成长性的角度看，选对了行业，个人在择业方面也就成功了一半。

如果选择小型企业，考察该企业的老板则是重中之重。在小型企业中，老板是不折不扣的"灵魂人物"，有着绝对的权威，所以老板的眼光、能力和管理方法对企业未来的发展起着决定作用。因此，在选小公司时，老板的风格和为人便成了的判断依据。

职场中最忌讳的四种跳槽

在跳槽的高峰,有些刚刚工作的大学毕业生很想把握住机会,来个职场的完美转身。职场中最忌讳的跳槽是什么呢?从实际情况来看,职场中最忌讳的跳槽有如下四种。

1. 随意改行,盲目跟风

没有一个行业是永远的热门行业。不考虑自身专长和兴趣,即使应聘成功,也难以长久。每一次换行都必须从新手做起,以往的知识和经验难以发挥作用,因此你很难成为行业的佼佼者。如果到了40岁还没有在某个行业里开拓出一片天地,那么跳槽就业将会变得更加艰难。这里还要提醒广大的应届毕业生,不要轻易放弃自己的专业,毕竟在工作中,有专业背景的人较非专业者容易上手得多。随意改行意味着没有职业目标,因此难有发展。

2. 不加分析,盲目听信

据有关部门统计,跳槽的大学毕业生中有约50%是为了追求高薪。通过跳槽让薪资上个台阶固然很好,可是为了一两百元钱跳槽就显得过于草率了。现在很多公司在招聘的时候说得很好,可是等你工作后才会发现被骗了。他们在很多地方做文章,比如在"年薪"上,在"提成"上做文章等,花样百出,不一而足。求职者如果不加分析,就会上当受骗。有的人在跳槽时只盯住薪资,不考虑自身的长远发展，这样更是得不偿失。盲目听信者往往会再次跳槽，进入恶性循环。企业会认为这样的求职者做事草率，难担大任。

3. 意气用事，盲目跳槽

有些大学毕业生仅仅因为一点小事与上司或同事意见不合，便"一纸休书"，"挂印而去"。这样的人情商一般高不到哪儿去，更缺乏沟通能力和团队精神，换了环境也难有作为，反而易成为老单位同事的笑柄。企业一般也不愿招聘这样的人。

4. 急于求成，盲目离职

几乎每个大学毕业生都希望在工作中能迅速得到提升。有志向是好的，但是急于求成就不行了。急于求成者往往是"欲速则不达"。一位曾在某知名单位工作过的人事经理表示，该单位最后晋升到高层管理位置的并非当初的能力最强者，而是能坚持留到最后的人。经验和能力都需要日积月累。来到新的环境，光是获得领导和周围同事认同就不是一天两天的事，想要获得晋升机会更需要耐心。因此，现代成功学认为成功更多地取决于情商和逆商，而非传统意义上的智商。要把实力转化为地位，切忌急于求成，频繁跳槽。好企业一般都比较看重员工的忠诚度，频繁跳槽者是不受欢迎的。

那么，要怎样做才能通过跳槽求得一份满意的工作呢？这里提几个问题，建议大学毕业生在跳槽前认真思考：

问题一，10年甚至20年后，我的职业目标是什么？我现在又处

在哪个阶段？我准备如何实现目标？

问题二，我的优势在哪里？我的特长有哪些？我的兴趣是什么？我准备在今后的工作中如何利用和发挥它们？

问题三，我的工作经历对下一个求职目标有什么帮助？我还有哪些欠缺？

通过冷静思考，大学毕业生在择业时会更为理性，并在面试时坦然面对主考官，这样自然容易求得一份满意的工作。

让人警醒的跳槽悲剧

每年的阳春三月几乎都是跳槽的高峰期，观望许久的职场人开始行动。是华丽转身，还是黯然收场，抑或是"壮烈牺牲"？通过下面的四个案例，相信每一个大学毕业生都能有所领悟。

1. 跳槽，让他"薪往低处走"

当薪水太少、职业发展空间太小、工作环境不舒心时，跳槽就成为小A解决这些问题的不二法门。小A一直信奉"人挪活，树挪死"这句话，没想到2009年的一跳，却让她掉进了"薪往低处走"的泥淖。

原来，小A在一家公司的市场部工作。2009年，她被告知市场部与销售部合并，合并后全体人员都要去跑业务，这让小A动了离职的心思。于是，在没找好下家的情况下，小A毅然决然地离开了公司，加入失业大军的行列。房租要交，饭要吃，眼看兜里的钱越来越少，小A便开始刷新简历，又重新投身于求职大军中。在投递简历的过程中，小A由"面霸"晋级为"拒无霸"，心情也变得急躁起来，对薪资的期望标准也降为"工资能养活自己就行"，于是在碰到合适的"东家"之后就把自己给"贱卖"了。"贱卖"也就罢了，更可气的是新公司原本答应的综合保险、车补、饭补也都延期发放或不发放。这样的待遇让小A的心实难安定，跳槽的念头再次出现，这次是跳还是不跳？这一跳会不会又成为恶性循环呢？

跳槽最大的悲哀莫过于"薪往低处走"。比"薪往低处走"更大的悲哀是陷入跳槽的恶性循环。经历如此惨痛的教训后，小A不得不感叹"跳槽不是万能的"！她的这次跳槽并没有解决薪水太少、个人职业发展空间太小的问题。

2. 跳槽，一个口头承诺引发的悲剧

小B一年前依靠家人的关系进入一家国企，由于他始终适应不了国企的文化，所以萌发了跳槽的念头。经过一番折腾，他终于得到了一家私企的面试机会。在面试之后的那些日子里，小B苦苦等待着。突然有一天他从新公司打来的电话中获得了梦寐以求的承诺。得知自己能脱离原单位，加入新单位后，小B第二天就胸有成竹地向原来的单位递交了辞职信。正当离职手续都已办妥之时，令小B万万没有想到的悲剧发生了——新公司通过电话告知小B："对不起！您申请的职位已有新的人选，您不用再来了。"就这样，小B

既没得到新职位，也无脸再回原单位。一个简单的口头承诺让小B在这次跳槽中栽了跟头。

这个案例告诉我们：跳槽者应该要求企业给出邮件或书面的承诺。只有这样，在企业毁约后跳槽者才能有据可查，维护自己的合法权益。

3. 换岗，他成了烫手的山芋

小C失业了，之前他在一家大型互联网公司工作了三年。小C学历不高，但是他拥有速记的本领，在同行中很有优势。小C格外珍惜在大公司工作的机会，三年来他在自己的岗位上兢兢业业地工作，虽没做出特别的成绩，但是其工作态度得到了主管和周围同事的一致认可，在整个团队，他为自己赢得了良好的口碑。

然而，在这三年之中，小C虽在工作中表现得积极向上，但实际上他根本就不喜欢这个部门和这份速记工作。他一直向往着做一名销售，因为销售工作一方面能够锻炼自己，另一方面能赚较多的钱，毕竟自己到了成家立业的年纪，而在现在这个岗位上却只能拿到三四千元的工资。这三年里小C借工作的便利经常听一些销售讲师的课程，这也让他对自己更有信心。所以三年一到，他觉得时机到了，就向主管提出换岗。主管感觉很意外，不过也佩服小C卧薪尝胆的精神。

小C的主管为他转岗铺好了道路，他如愿以偿地做了公司的销售。可一个月过去了，小C没得到任何签单的消息。公司规定销售员只要三个月签单量不达标就会被淘汰。小C开始怀疑自己所做的这一选择是否正确，于是他想返回原来的岗位。可遗憾的是，原部门的主管已经招到了合适的人。第二个月，小C收拾东西离开了这家大公司。他主动请辞了，因为他知道自己根本不可能在三个月的考核期内达标。原本小C想通过换岗跳槽找到自己心仪的工作，提升个人价值，最后却因为能力不足而被残酷地淘汰。

这个案例告诉我们：职场亦如围城，"城外人"对城里的生活总会有许多遐想，但是我们却很容易忽视"进城"的成本，结果就造成了跳槽的悲剧。

4. 跳槽，大人物也遭遇尴尬

几年前小D所在的公司新聘了一位人事总监，不久各位员工收到老板的一封激情洋溢的邮件，邮件中讲述了那位总监出挑的背景——曾是某500强企业的人事总监，任职十年，获得了诸多成就。小D还有幸见了该总监一面，这让他雀跃不已。不料三个月后，总监悄然离职。类似的悲剧在之后的几年里被技术总监、财务总监轮番上演。

大人物的开场似乎总是锣鼓喧天、鞭炮齐鸣，但跳槽时的情景却截然相反。虽然已是行业内能排上名的大人物，但他的每一次跳槽也未必都能成功。一旦他们发现新企业的组织结构有问题，往往会再一次跳槽，而"工作无法正常开展"、"效果不理想"等都被他们称为是不合理的组织结构留下的阵痛。

这个案例告诉我们：高端人才在决定跳槽之前应该对下家公司的企业文化、工作团队、企业长期发展目标等做全方位的了解，以此来避免跳入企业的"残局"。

上述几个案例说明了这样一个具有普遍意义的道理：跳槽就像投资，其中的风险谁都无法规避。职场人所能做的只是在跳槽之前看清形势，对自己的个人能力做好评估，尽可能减少风险的冲击。

不要触犯跳槽戒条

跳槽是要冒风险的，一次成功的跳槽可能使你的职业生涯"柳暗花明又一村"，但一次失败的跳槽也会让你"前功尽弃"。跳槽与职业生涯的成败有着密切的联系，为此我们要犯以下跳槽戒条，而要做到让每一次跳槽都能推动职业发展。

1. 没有经过深入思考，不要在另外一个工作领域寻求出路

做任何事情都应该三思而后行，要确定你不是进入到了某个跟以前一样不适合你的工作领域。多读一些自我评估的文章，它们会带给你一些启发。

2. 不要因为你的朋友干得出色便想进入他所从事的行业

可以通过人脉网络、阅读资料和网络调研来获取你正在考虑进入的领域的相关信息。对你的校友、同事、朋友或者亲人进行职业访谈是获取不同行业信息的好方法。

3. 不要单纯地为了钱而跳槽

一般情况下，如果不是因为生计所迫，并且有一个薪水远高于目前工作的职位等着你，千万不要为钱而跳槽。虽然我们在谋职的时候最容易看到的是职位提供的薪资水平，但是职业的发展、自身价值的提升、生活状态的改善等却是更加重要的需要考虑的因素。其实在职场上有一条重要的规则，那就是交换，你所获得的往往是你向雇主所提供的能力决定的。在能力没有大幅提升的情况下，只想通过跳槽来获得更多的薪水是不太可能实现的。另外，如果你的工作并不适合你，那么给你再多的钱也不能够让你快乐。工作的不如意和压力是很多工作者健康的头号杀手。对于跳槽者来说尤其是这样。通常他们在适应某个新的行业之前赚的钱都不会很多。

4. 求助于职业介绍代理和职介公司时应当谨慎

做一些调查和研究工作，确保找到一家合适的公司。找一些在你期望进入的行业工作的人士或者一些有成功跳槽经历的人寻求帮助，让他们为你提供建议。尽量找一家知道如何有创见地为跳槽者介绍工作的公司，而不是那些只知道帮助人们在同一领域飞黄腾达的公司。

5. 不要指望职业顾问告诉你该进入哪一行

职业顾问是为你提供建议，帮助你做出决定的人。他们根据你的目标提供建议。他们帮助你寻找曾经的梦想，但是你需要自己做调查研究，自己做出决定。如果有人说他能告诉你该怎么做，那你要提高警惕。

6. 不要频繁跳槽

频繁跳槽会使你对企业的忠诚度遭到严重质疑。频繁跳槽也会严重影响一个人的职业发展，同时使跳槽者身心疲惫。

7. 不要盲目跳槽

有些人在跳槽前没有做好准备。这种"准备"不仅仅是自己提升能力以满足新雇主、新职位的要求，充分了解新职位的信息。了解了这些信息，才能使跳槽不盲目。

8. 不要跨行跨专业跳槽

许多大学生所选择的专业是父母、老师指定的。学了四年之后才发现，原来这个专业不是自己所喜欢的，于是总想着有一天找到自己的兴趣所在，实现自己的梦想。这样的情况下，职业不对，行业也不对，于是决定趁着年轻跨行跨专业地"飞跳"。实际上这种跳槽方式是不值得提倡的。换专业不换职位，换职位不换专业，在一般情况下才能更有把握实现职业的发展，才不会使自己总处于"危险境地"。

9. 不要裸跳

在大城市，跳槽是家常便饭，于是就有了"激情跳"、"冲动跳"。在公司人际关系出现问题，工作出现差错的情况下，不管有没有新东家，就先辞了，这是裸辞。以为自己会有更好的新工作，这就是裸跳了。对于企业来说，一个人之前有没有稳定的，甚至是还不错的工作其实就是这个人的筹码，而一旦裸辞，对于个人来说，这个筹码就没有了。接下来要价的主动性就会降低，即便能够进入企业，相应的待遇和受重视程度也可能比不上从一个现职跳槽过来的人。道理很简单，对于个人来讲，裸辞就意味着一份新工作从"希望变得更好"转化为"必需品"了，而企业却有了更多的选择权。所以，在准备离开一家公司之前，最好先找好下家，裸辞不理智。

10. 不要盲目异地跳槽

异地跳槽主要有两种情况：一种是家庭原因，换城市工作；一种是一线城市和二、三线城市之间的互跳。目的是为了实现梦想，或者实现生活方式的转变。异地跳无可厚非，但是对于新的城市，新的工作岗位，我们在异地跳之前需要做更多的了解。如果没办法亲自体验新环境，那么可以向当地的同学、朋友寻求帮助，利用人脉关系更好地帮助自己定位。

需要特别说明的是，不管是转行、转职，或者在不同公司做同

一职位,工作环境、同事关系、工作内容都发生了变化,一定会有一个适应的过程。跳槽不是把自己的职业发展重新归零,而是获得更大的平台,取得了更好的职业发展。如何使自己的跳槽变成"跳高",重要的是应充分发挥自己的能力,使资源得到充分整合。只有这样,你才会在今后的工作中更加出彩。

第三章　盲目攀比导致心理失衡

　　刚走上社会的大学毕业生，除了遭遇求职的艰辛外，往往要面临种种诱惑和机会，这时心态就会有变化。我们不要盲目攀比，不要盲目否定自己，选择正确的道路并坚持，才是硬道理。我们要通过合理的自我调节，实现从负性攀比到正性攀比的转化，从而建立正确的比较观念，避免心理失衡，摆脱压力束缚，找到前进的动力。

认识攀比心理，避免负性攀比

　　所谓攀比即个体发现自身与参照个体发生偏差时产生负面情绪的心理过程。在通常情况下，产生攀比心理的个体与被选作为参照的个体之间往往具有极大的相似性，这导致攀比个体被尊重的需要过分夸大，虚荣动机增强，甚至产生极端的心理障碍和行为。

　　根据攀比心理产生作用的不同，攀比分为正性攀比和负性攀比。正性攀比指正面的积极的比较，是在理性意识驱使下的正当竞争，往往能够引发个体积极的竞争欲望，产生克服困难的动力。负性攀比指那些消极的、伴随情绪性心理障碍的比较，会使个体陷入思维的死角，使其产生巨大的精神压力和极端的自我肯定或者自我否定。

　　正性攀比和负性攀比对身在职场的大学毕业生具有极大影响。

正性攀比是让人进步的源泉,而负性攀比则像一条毒藤,久而久之,会将自己困在压抑和焦虑的情绪之中,这不但影响工作表现,还会破坏和谐的人际关系。在社会上,我们普遍见到的是负性攀比。

负性攀比最大的问题在于缺乏对自己和周围环境的理性分析,只是一味地沉溺于攀比中,这样对人对己都很不利。

在职场中,许多人在一起工作,总免不了要比一下,今天可能是比谁的衣服好看,明天可能是比谁赚的钱比较多,后天可能又比谁的男友阔绰,总之攀比的内容各种各样。有人说攀比是不好的情绪,会让人心理失衡。因为攀比会让人迷失自己,对于事情的看法过于偏执。但事实上正性攀比是让人进步的源泉,正因为有攀比这样的心态存在,人才会为了追求自己的目标而前进与奋斗。

几乎每个人都会有和别人比东比西的想法,可能连他自己都没有发现。比如同一个公司、同一个部门的两个人,他们就会想了解对方的薪资是多少、对方在哪些方面比自己突出、对方哪种能力比较强、对方什么地方更受上级领导的关注,这种行为便是攀比心理的外在表现。渐渐的,许多人会把这种潜意识的攀比当成自己平日生活、工作的一部分。同时,找攀比对象也是很重要的。找条件比自己高出许多的,距离太遥远,可能会因为达不到攀比对象的高度而沮丧。实践经验表明,攀比者多数会拿自己身边的人或者能力差不多的人作为主要的攀比对象,而且这类人进步速度很快,在快速实现自己的目标后,又继续找别人攀比,反反复复、周而复始……

其实,小到个人,大到国家,只要是具有可比性的人们都拿来比较。比较的目的在于发现自己的优缺点，优点要继续保持，对于缺点则要改正，所谓扬长避短就是从比较中来的。我们要避免盲目攀比，避免盲目攀比，而在积极的比较中不断提升自我。

忌妒心理导致极端攀比

攀比制造忌妒，忌妒诞生敌对。忌妒是一种极想排除或破坏别人优越地位的心理倾向，是含有憎恨成分的激烈感情。在个体之间差异性很小、外界条件基本相同的情况下，人们很容易产生忌妒心理，从而引发消极情绪，导致极端的攀比行为。严重的可能会危害到他人的利益，使自己受到良心和道德的谴责。

临近大学毕业的小杨曾经在日记里这样描述道："最近我不知道怎么了，看到别人得意就忍不住拿自己和他们比较。比如一天的考研复习结束后，大家会在临睡前交流一下复习情况。如果我听到有人说今天又做了多少道题，记了多少个知识点，而自己却还在原地徘徊不前时，便会莫名地产生恐慌，甚至有点恨对方，并在心中暗暗诅咒对方考不好。虽然我也知道这样的想法很不对，但我就是控制不住自己。更可怕的是，有一次，我竟然故意把考研咨询会的时间说错，害得几个被我视为竞争对手的同学没能按时参加。虽然我当时挺高兴，觉得自己赚了，但后来想想又挺后悔的。难道我真的是一个很坏的人，忍受不了别人比自己强吗？"

忌妒心通常是以"自我"和"虚荣"为基础的，追求的是"别

人有的我要有,别人没有的,我也要有",以显示自己和他人有"公平"的待遇,甚至要好过他人,从而获得心理上的满足。这样的人若不加以正确引导,其虚荣心也会逐渐膨胀,最终产生缺少理性的盲目攀比。所以,自我调节是很重要的。

比如,事例中的小杨在感觉到自己内心的真实想法有些邪恶时,如果迅速离开可能产生是非的空间,比如宿舍,用阅读、上网,或者与那些不考研的同学交谈的方式可以让自己想要打击报复别人的意念冷却,这样就能给自己的情绪足够的缓冲时间,从而避免因忌妒心理而产生的极端攀比行为。

自我调节是将自己对行为的计划和预期与行为的现实成果加以对比和评价,从而调节自身行为的过程。合理的自我调节能够实现负性攀比到正性攀比的转化,从而帮助人们建立正确的比较观念,摆脱压力的束缚,找到前进的动力。当然更重要的是,通过树立明确的目标,重新认识自己,建立起对抗本能欲望的心理防御机制。

"面子"思想导致盲目攀比

在我国,人们对于"面子"问题的关注似乎是与生俱来的,"面子"因素渗透于生活的各个方面。

大学毕业生作为社会中的一个重要群体,自然也免不了要受到"面子"因素的影响。一方面,大学生毕业生的"面子"思想有一些积极之处,比如激发斗志,催人上进,在学习和工作中取得较好的成绩。但是,"面子"思想带来更多的是负面影响。爱"面子"、怕"跌份"等虚荣心理,是造成大学毕业生心理失衡的重要因素。尤其在毕业后的就业、人际交往及消费方面表现得更为突出。

一些学生在就业时讲"级别",觉得在校期间自己成绩比别人好,荣誉比别人多,"官职"比别人大,找的工作理所当然也应比别人好,而且"如果去小企业,会很丢面子"。因此,很多同学只考虑那些大企业,这样某些热衷于攀比的高才生最终可能错过良好的发展机遇。

在人际交往方面,同事或朋友间一次无意的碰撞、不经意的言语伤害等,本来只要说声"抱歉"也就没事了,但双方都存在"面子"思想,似乎谁先道歉谁就没了面子,于是双方出言不逊,争吵起来。更有甚者,一个毫不相让,一个拔拳相向,打得头破血流,以悲剧而告终。

大学毕业生因"面子"思想导致的攀比消费现象并不少见。在职场上,随时可碰到穿着时髦前卫的入职新人,有些人甚至非名牌不穿。实际上在这些人当中,有为数不少的贫困生和特困生。

心理学上认为,"面子"心理、虚荣心是自尊心的过分表现,是为了取得荣誉和引起普遍注意而表现出来的一种不正常的社会情感。人类的需要分生理需要、安全需要、归属和爱的需要、尊重的需要和自我实现的需要。其中尊重的需要包括对成就、力量、权威、名誉、地位、声望等方面的需要。一个人的需要应当与自己的现实情况相符合,否则就可能通过不适当的手段来获得满足,在条件不具备的情况下,就产生了"面子"心理和虚荣心。

培根说过："一切恶行都围绕着虚荣心而进行，都不过是满足虚荣心的手段。"大学毕业生要克服"面子"心理，就应从以下几个方面努力，正确处理好自尊与虚荣的关系。

1. 莫让虚荣攀比扭曲自己的心

自古好攀比者不胜枚举。男人比房、比车、比地位，女人比相貌、比老公、比孩子。许多人为了所谓的光宗耀祖、出人头地一面勒紧裤腰带，一面大手大脚，铺张浪费，死要面子活受罪，因此，虚荣攀比的心理不可有。大学毕业生不要虚荣攀比，让"面子"心理扭曲了自己的心。

2. 要形成积极的自我意识

常言道："人贵有自知之明。"作为一名大学毕业生，要想清醒地认识自我，可以通过给自己打分，即通过自省的方式正视自己，反思自己，认识自己；也可以通过他人的评价，在他人的监督之下，更清楚地认识自己，既看到长处，也发现不足。

要善于肯定自我、认识自我，找到自己的坐标，学会欣赏自己，只有肯定自我才能做到自尊自爱。要提高自我修养，谋求自身发展的最佳状态，实现个人价值，要有意识地进行自我塑造，同时应开阔视野，培养各方面的兴趣，创造积极的自我认识模式，从而有效避免产生虚荣心。当我们和别人进行比较而感到自卑，心理无法平衡时，要学会通过与自己的过去比来认识自己的进步，以获得自信。

3. 树立崇高理想，追求真善美

一个追求真善美、有理想的人是不会通过不正当的手段来炫耀自己的，而是时刻把通过努力实现理想作为主要的奋斗目标。大学毕业生要树立崇高的人生理想，追求真善美。只有这样才不会被虚荣心驱使，才能成为一个有益于社会的人。

4. 培养节约意识，提倡文明生活

大学毕业生作为一个思维敏捷的群体，接受新东西快，因此，应该发挥自身的优势，自觉抵制虚荣攀比，树立正确的价值观、人生观、世界观，进而对他人产生潜移默化的影响。因此，我们应以平常心对待生活，勤俭节约，知足常乐，杜绝不切实际的攀比。

总之，面对一些浮躁浮夸的社会现象，大学毕业生更应保持一分宁静和清醒，不要迷失自我，要正确评估自己的能力，培养自己吃苦耐劳、务实求实的品德，积极而快乐地生活和工作。

盲目攀比增加心理压力

一个人个子高矮的结论是在和别人比较后确定的，一个人是否聪明也是要看比较对象的，一个人能力的高低也是在比较中才能弄清楚的，显然，比较对象的选择影响着人们比较的准确性。

人们在比较时会选择如下三种比较方式：向上比较、向下比较和相似比较。向上比较是指在比较过程中选择强于自己的对象作为

参照。向下比较则是在比较过程中选择比自己差的人作为比较对象。相似比较是以与自己各方面条件相近的人作为参照来比较。显然，向上比较和向下比较都不是客观的比较，只有相似比较才是相对准确的比较方式。

可是，人们在日常生活中常常会更多地进行向上比较和向下比较，这样的比较并非是为了自我评价，有的时候是为了获得自尊，有的时候是为了自我激励。"比上不足，比下有余"是许多人的比较策略，这里好像既做了向上的比较，也做了向下的比较，实际上比较的重心是向下的，是通过向下比较来获得自我安慰。一个追求卓越的人经常会把优秀的人作为自己的比较对象，用自己与他的差距来激励自己，这样的比较方式能起到提升自己、促进自己的作用。

对比较的偏好常常导致一个人盲目攀比。事实上，由"比较"心理而导致的盲目攀比现象甚为突出。

新的一年开始了，又到了各个公司人员大洗牌的时候，丁剑和往年一样又开始忙于寄简历，等通知，到招聘公司参加面试。已有多次跳槽经验的丁剑，可谓是职场老手了，但最近几年却不太顺，总是在原地踏步，每到一个新的公司，都是从普通职员开始做起。刚开始他还能全身心地投入工作，但时间一长，就觉得自己起点太低，职位在公司不太起眼，升职也不是一时半会儿的事，前面还有那么多人排着队，最终他选择了再次跳槽。

于是，他又开始新一轮的循环，但越跳心里越没着落，想想同学和过去的同事，升职的升职，加薪的加薪，有人做了部门主管、地区经理，有人自己开了公司，看看自己的现状，想想别人的前景，觉得自己一无是处，枉在这世间走一遭。丁剑越想就越灰心，干什么都没心思，茶饭不思，夜不能寐。

丁剑这种情况属于攀比造成了认知、情绪和行为方面的改变。攀比心理在社会人群中的例子，多得举不胜举，它有时像一个隐形杀手一样，扼杀了很多人的潜能，使人的心灵不堪重负。但是我们若能较适度地运用攀比实现个人理想，则达到一种新的境地。

然而，很多人却意识不到这一点。"这山望着那山高"，比较形象地反映了攀比心理。我们从小就被教育去争取自己所没有拥有的东西，这样会造成一种结果，我们往往只看到自己不曾有的，而忽略了自己原本拥有的，这势必会造成一种心理落差。现实适应能力较好的人，会不断地修正这些落差，或设法去实现理想，或承认这些落差是自己所不能改变的，并客观地认识到寸有所长，尺有所短。而现实适应能力较差的人则会心理失衡。

攀比给情绪造成的影响是忧郁和忌妒，让人感到缺憾，甚至一无是处。缺憾感属于一种正常的情绪体验，每个人都需要从这种缺憾感的体验中认识到自己的局限，学习去容忍、适应它，逐渐达到心理的成熟，若是感到自己一无是处，则会陷入抑郁的泥潭，这时就需要设法寻求外界的支持了。

从丁剑的不断跳槽可以看出攀比心理对行为的影响。它可能造成两种不同的行为现象，要么回避，常见的情景如因为没有车和漂亮衣服而不去参加同学聚会；要么行动过于草率，缺乏深思熟虑，

就像丁剑一样。

有时候，不断地向上比较就意味着不断失败。在个人收入上不断地向上比较可能就再也感觉不到生活水平的提高。不断地向上比较带来的是个人渐渐无法承受的压力。人们在比较中迷失了自我，不知道自己的目标，体会不到自己的需求，生活在他人的阴影里。

生活条件越来越优越的现代人总感到生活越来越累，他们没有意识到这种使人陷入困境的心累有时是由于比较方式选择上的偏差所导致。有时我们需要有意选择向下比较来卸下一些心理上的负担，尽可能进行自我比较，把自己的现在和过去比较，这样会更客观一些。

总之，盲目攀比就像一剂毒药，不仅会影响人的状态，还会让人产生对自我人格以及能力的否定。说到底，比较方式的选择是生活策略的选择，选择一种适当的比较方式，也就是选择了一种轻松的生活方式。

攀比导致想方设法撑门面

很多刚刚走出大学校园的毕业生攀比成风，比如同学聚会时借名牌服装、借汽车，甚至连男女朋友的长相等也成了攀比对象。有的毕业生还在网上公开寻租漂亮女友来应付聚会。

1. 网上租女友

在一所高校的BBS（电子布告栏系统）上曾经出现一个"国庆

期间租赁女友"的帖子。发帖人称,因自己在国庆期间要参加朋友的婚礼,所以希望能租一天临时女友陪同前往,要求对方长相漂亮,个头不低于1.65米。

据了解,发帖人是一个刚刚毕业的研究生,虽然在北京有一份不错的工作,但因为找不到女友,在以往的同学聚会中,常受到挖苦和嘲讽。恰巧这个国庆节,有朋友要结婚,为了不再因为女友问题而再在同学中受辱,他便想出了"网上征女友"的办法。对于应聘者,发帖人要求"越漂亮越好,要能在婚礼上为我在朋友面前撑起脸面,让他们都羡慕我。"

徐荣在德国留学取得硕士学位后回到国内不久,就接到了同学聚会的邀请。为了能挣足面子,他屡费周折,终于找到了以前班级的"班花",央求她冒充自己的女友出席聚会。他认为,女友是否出色,很大程度上就是衡量男人是否成功的标志。

聚会中攀比男女朋友不是偶然现象,出现假冒男女朋友的情况也时有发生,甚至有人会因为感觉自己的另一半不尽如人意而拒绝带去参加同学聚会。

2. 借名牌物品

除了寻租漂亮女友,还有的毕业生为了能穿戴名牌服饰,在同学朋友面前成为风光"有车族",便挖空心思向朋友伸手借名牌服饰、借车来应对。

吴昕是刚毕业的大学生,为了在同学聚会上能在人前挣足面子,

她借来一个新款的LV（路易·威登）提包。"我提着包在同学聚会上出现，所有女同学的眼睛都发直了。"在那次聚会上，她还装作不小心的样子，将一把车钥匙从包中掉了出来。当然这也是借来充门面的道具之一。吴昕表示，借名牌充场面的做法在周围同学中根本不稀奇，她当然不想落后于人。

走出校门以后，大家因为人生道路不同，发展情况也各不一样，这是正常现象，盲目攀比似乎变得有些多余。其实，在各种社会关系中，同学关系是比较纯粹的。同学之间的功利心是比较弱的，对于一时处于弱势的同学，我们应给予理解而不是同情。觉得会被别人看不起的同学，多数也是被自卑心理所笼罩着。其实借来的种种很容易被看穿，这样反而会在同学中造成不好的印象。

盲目攀比是自卑心理在作怪。希望大学毕业生千万不要这样做！

同学聚会时的攀比现象

聚会都有一定的目的，而目的不同，则会影响参加者的心态。同学聚会，大家的心态是怎样的？大家应该以怎样的心态参加聚会？人们为什么喜欢同学聚会？这一连串有趣的问题，似乎没有人会注意，但你有没有在参加完同学聚会后感到伤心失落，温暖慰藉或斗志昂扬呢？

有一次，小张参加完同学聚会很是郁闷，她说：

"不说不来气，一说一肚子气！大年初二，老公拉着我去参加同学聚会，说实话，像这样的聚会我是一百个不愿意参加的。大家在一起没有共同语言，去了气氛也会很尴尬，没有可以聊的话题。可是还得给老公面子啊，最后还是硬着头皮去了。

"真是郁闷，在那不到三个小时的同学聚会中，受罪生闷气，回来气得我一夜都没睡着。同学聚会成了那帮富人的炫富会，而对于我们这样过得一般的人来说，他们说的每句话刺得我心痛。或者更恰当地说，我是如坐针毡，恨不得立刻离开。

"我很普通，没什么本事，到现在就是一个打工的。老公在工厂里上班，也就一般条件吧。老公的同学中间也没有什么'官二代'、'富二代'，自己创业的也没有混得特别好的，但是就这也是攀比来攀比去的，买私家车的就互相问你的车多少钱，我的车多少钱。新买房的紧着问别人的房子有多大，住了高层的就感觉自己高人一等。最离谱的是，他的一个同学穿了件新衣服，居然还要给别人说是多少钱买的。女同学就开始说自己用的化妆品是什么牌子的，穿的衣服是什么牌子的，自己是怎么减肥的。男同学就说自己单位多么有钱，自己在单位干得多么好。"

同学聚会，这本是人生一件乐事。如果聚会的时候，房子，车子，票子成了聊天的主题，学生时代的美好回忆被抹得干干净净，那么这种聚会跟社会上的普通应酬又有什么分别？如果毕业之后老同学聚会，要按照头衔高低来"安排"座位，那么这种面子上的聚会不参加也罢。

有网站调查显示，有近六成网友看不惯聚会中的"炫富"，甚至对此表示"恶心"。"你有车，他有房，都来比一比。"一首《恐聚族之歌》也在整个网络唱响。这首由网友自己创作的歌曲，表达出不少"恐聚族"的心声，每句歌词都唱出了网友如今聚会的困惑。那种攀比的情况让很多网友感到无奈。他们感叹：如今的同学聚会少了分情谊，多了分心酸和伪装。

炫富无罪，在参加这种同学聚会的时候，"恐聚族"的自我心态也很重要。聚会中难免会有人攀比和炫富，"恐聚族"应当积极调整自我心态，卸下包袱，多享受聚会乐趣，不要带着负面情绪去参加聚会。很多时候，"恐聚族"往往预设了很多负面情绪，在聚会时会不由自主地寻找蛛丝马迹佐证自己的猜想，并觉得其他人都戴着有色眼镜看自己。把一些话语当做是对自己的贬低，则是不健康心态的表现。

那么，接受过高等教育的大学毕业生们，应该抱着怎样的心态去参加聚会呢？虽然同学聚会对很多人来讲就像个魔咒，但一直不参加终究是违背人际关系原则的。其实我们也真的不必逃避，因为好心态可以战胜一切。有人创造了一份"同学聚会守则"，这份守则固然反映出对社会风气的一种无奈，但也不失为时下参加各种聚会的参考。

1. 禁止攀比职位

少年得志的请照顾大器晚成的，后来居上的请礼遇小时了了的，出人头地居高位者最好能展现虚怀若谷的气度；无名英雄、基层人员不妨保持不卑不亢的姿态。

2. 禁止攀比家产

腰缠万贯的当感念创业成功的幸运，身无长物的多享受精神生活的充实。现在的同学聚会的确有攀比之风，本来"欲与天公试比高"也是一种动力，但以功名排座次就有庸俗之嫌了。我们都很讨厌那种动不动让"大官"、"大款"成为"座上宾"的做法。实际上，所谓"大官"、"大款"也是相对的，在有的人眼里大得不得了的官，在另一些人眼里实在算不上什么，既然如此，又何必在同学面前炫耀呢？所谓"大款"也是同样的道理，不要在下岗工人面前炫耀自己。

3. 同学间要一视同仁

我们要对外貌、着装、发型、发色、腰围、体重、视力、行走速度等状况百异、个性千秋的同学一视同仁。

女生禁止攀比老公，男生禁止攀比老婆，男生和女生禁止攀比儿女。有无神仙眷侣、儿女是否出众、膝下犹虚或子孙满堂等，不是此次聚会的主要议题。禁止有家室者再度偷猎爱情，或有过不和谐经历者分享经验。

其实，对外貌及腰围等一视同仁问题不大，不攀比老公或妻子以及儿女不大可能，即使嘴上不说，心里也在进行比较，这是人之常情。当然为了和谐的需要，最好嘴上不说，以免引发矛盾。至于"偷猎爱情"和"分享离异或再婚之经验"，年轻一点的同学们在聚

会时需要重视这方面的问题。

4. 禁止恶意揭底和延续恩仇史

若干年前的情敌、竞争对手、债主,不论当年有感情纠葛、竞争恩怨,还是财物纠纷,若干年后请一笔勾销。同学之间在若干年后还互揭老底,实在不应该。当然,感情纠葛不可能一笔勾销,尤其是一些美好的情愫,这是人生宝贵的财富,理应得到珍惜,但要将其深藏在心底。

5. 不要把恶习带到聚会上

吸烟的同学请保护环境及怜惜旁人的肺,酗酒的同学请注意场合并心疼自己的肝,应提倡适度适量。

总之,同学聚会并不需要说很多话、搞很复杂的活动。老同学们能够聚在一起,这本身就是一种熟悉感、温馨感的体现。聚会的组织者要积极创造和谐的氛围,不要让同学聚会成为大家心理上的负担。大家在同学聚会前不妨来个约定:不谈房子、工资、孩子、车子,毕竟聚会更多为的是回忆和分享,大家卸下"包装"和"身份"岂不更有乐趣?

职场新人盲目攀比要不得

作为初入职场的人,开始靠自己的努力赚钱,有了自己的收入,但应该格外注意,别因虚荣心而陷入盲目的攀比之中。如今,攀比之风已侵袭到很多职场新人周围,使很多职场新人在盲目攀比的旋涡中不能自拔。

1. 工资攀比

应届毕业生刚刚离开学校,步入社会开始工作,工资也就成了同学之间攀比的第一指标。老同学见面,总难免寒暄几句:"你月工资有多少?"这个时候,一两千收入的往往会对自己的工资难以启齿,闭口不谈;有三千以上收入的,往往比较能够说得出口;而有些能拿到五千甚至更高工资的,无疑会让身边的同学"羡慕嫉妒恨",并因此而大出风头。

在一家网络公司就职的员工小王就表示,他来深圳最主要的原因是这里平均工资水平高。"我毕业后曾在我的家乡工作了半年,但是那里的工资水平较低,我那份工作每个月只有1100元的工资,每每跟同学谈起自己的工资,总会觉得不好意思,再怎么说我在大学时也是班里的班干部和三好学生啊!后来听同学说深圳的平均工资挺高,就来到深圳,现在月收入3500元,还行,在同学朋友面前也好开口了。"

2. 使用物品攀比

手机、电脑、衣服等使用物品,也是职场新人喜欢攀比的东西。某网站发布的调查数据显示,78.3%的人认为手机是职场中人身份

的最直接标志。64.7%的年轻人认为，买iPhone（苹果公司推出的一种智能手机）的最大作用不在于使用其本身的功能，而是运用其时髦与身份的象征。

熙晨是深圳市一家房地产公司的文案策划人员，刚毕业不久，月收入3000元左右。熙晨现在有两张信用卡，卡上欠款接近1万元。原来，熙晨在公司工作了一个月后，为了能在同事和朋友面前"有面子"，就买了一台iPhone4并换掉了旧手机。没多久，熙晨又换掉了在大学用了四年的笔记本电脑。熙晨自从工作后，还每个月都固定去商场买衣服，工作以来花在衣服上的开销加起来也有2000多元了。熙晨的大学同学透露："熙晨在学校的时候可不是这样，她们家里并不是很富裕，在学校就连吃一顿饭她都很节省。可工作后，跟她逛街买衣服，她常常说没有牌子的衣服她不要。"

3. 过年攀比

春节回家过年，本该是快乐喜庆的事，可如今却也成为无数职场中人用于攀比的对象。年后，很多职场新人纷纷抱怨，自己辛辛苦苦打拼一年积攒下来的钱，就在春节那么短短几天，全部用光了。

有人在自己的微博上公开了过年的开销：从深圳到家乡柳州的往返机票，两张打完折总共1774元；给父母的新年礼物，1000元；自己的新年衣物，800元；给亲戚的压岁钱，2100元；春节期间同学聚会开销，3000元……此次春节累计消费金额共有9000多元。明年不回家过年了，因为回家过年一趟需要太多的开销，自己"伤不起"。

"北漂"胜强表示，自己现在是有工资的人了，过年回家一趟，为了在亲戚朋友面前有面子，出手就是100元，有些红包甚至给了上千元。粗略算了下，过年期间发出去的红包就有差不多8000元，过年真是过"劫"啊！

以上案例说明：职场新人切不可盲目攀比。要知道职场新人应该比的是能力，比的是干劲，而不应该形成盲目攀比之风。职场新人同时要特别小心信用卡的使用，应该根据自己的实际收入适当消费，不能因为拥有信用卡而肆意刷卡，不然一不小心就会掉进欠款过日子的"无底洞"。对于春节，很多人则表示，春节应该是团圆喜庆的日子，心意到了就行。不要因为过年就把平时勤俭节约的好习惯抛弃了，不然以后过年就真的是过"劫"了。

有专家指出，很多职场新人，本该为事业拼搏奋斗，却常常在初入职场不久盲目攀比，并最终沦落为金钱的奴隶。这种盲目攀比的行为用专业术语可以解释为"攀比症"，属于一种典型的职场"孔雀心理"。这是一种不健康的心理，职场新人一旦在待人接物时形成了职场"孔雀心理"，就很容易陷入无休止的攀比状态，在职场中处处争强好胜，时间长了，就会心理失衡，严重影响身心健康。

建立自信是大学毕业生的必修课

人的自信心是建立在强大的自身实力基础之上的。而负性攀比的产生往往是因为个体自身的实力与期望值达不到均衡水平，导致

自信心缺失，从而产生抱怨、憎恨等情绪。缺乏自信心的人，常常会因与别人攀比而自惭，优柔寡断，易受暗示，但有时又会突然生出荒诞的念头或举动，以掩盖自卑心理，有明显的求败预期倾向。因此，建立自信，是当代大学毕业生的必修课。大学毕业生平时应注重能力的培养，积极积累与工作相关的知识与技能，这样增强自己的实力，才能避免和排除负性攀比造成的心理障碍。换句话说，只有建立自信，才能为成功打下坚实的基础。

如果你想进行自我改造、自我管理，提升某方面的修养，首先你就应了解自己，认识自己，根据自身的条件和实际的可能，使自己的长处得到发挥。这样你就会感到自己并不比别人笨，自己有不及别人的地方，别人同样有不及自己的地方。自信心便会由此产生并不断增强。

下面介绍日常生活中几种增强自信心的简易方法，你如能熟记这些方法，并有意识地努力实践这些原则，就一定能成为充满自信的人。

1. 坐到前面去

你大概已发现，不论是什么样的集会，总是后面的座位先坐满。许多人愿意坐到后排，那是因为自己不想为人注目，不想引人注意，这多半是由于缺乏自信心的缘故。你要反其道而为之，坐到前面去，给自己增强信心。

2. 盯住对方的眼睛

正视对方的眼睛，无异于在向对方说明"你所讲的我是懂的"，"你对于我不是居高临下的，而是平等的"，"我对你并没有什么惧怕心理，我有信心赢得你的敬重"。

3. 提高走路速度

一些心理学家认为人们通过改变自己动作的速度，可以改变自己的态度。如果你走路比一般人快，就像是对周围的人这样说：我必须赶紧到很重要的地方去，那里有重要的工作非要我去做不可，而且，在15分钟内我将出色地完成这一工作。

4. 主动和别人说话

养成主动与人说话的习惯也很重要。越是主动和人谈话，自信心就越强，以后与人交谈也就越容易。闭门独思、自我封闭的态度，无异于对自信心的扼杀。

5. 默念谚语

默念诸如"有志者事竟成"，"积少成多，聚沙成塔"，"黑暗中总有一线光明"，"错误是难免的"，"说不行的人永远不会成功"之类的谚语。在你开始怀疑自己的能力时，就去想一想这些谚语，并对之深信不疑，此时，自信心就会增强。

6. 放声地笑

笑能给人增添信心，表明"我有信心，我一定能行"。因此，你可以放声地笑，这样有利于培养自信心。

需要说明的是，培养起自己对事业的必胜信念，并非意味着成功唾手可得。自信不是空洞的信念，它是以学识、修养、勤奋为基础的。一个著名作家一星期七天都坐在堆满各种书报的办公桌旁，吸取知识的琼浆。他的脑海里经常同时酝酿着四个创作题材。他每天坚持打字八小时。可见，要使自信不变成想入非非，还必须伴之以勤奋。

第四章 脱离现实就会失去方向

远大理想,是我们追求的终极目标或者信念。现实中的努力行动,是为实现远大理想进行量的积累。两者互为依存,相互促进。没有远大理想,就会找不到前进的方向;远大理想没有努力行动作为基础,就会变为空中楼阁。

大学毕业生求职勿陷入心理误区

找工作是一项系统工程,既讲究求职方式,也需要运用求职技巧,还要把握好求职心态。刚刚离开校园走入社会的大学毕业生,充满了理想,充满了抱负。但是到社会中,巨大的落差,残酷的现实,让他们感到措手不及、彷徨无奈。事实上,对职业的选择直接影响到个人的长远发展,它将决定一个人的收入、社会地位、成功机会、朋友社交圈等,因此必须慎之又慎。

大学毕业生找工作艰难,不仅有社会、学校的原因,而且有自身的原因。如果走进了求职的误区,就找不到事业发展的方向。对于每一个求职者来说,找工作是人生中必修的一门课程。在这个没有教材的大课堂上,我们将如何走出误区,进入求职快车道?我们怎样才能找到合适的工作?我们应该抱有怎样的就业观?我们是否

树立了符合实际的择业观和就业观?

1. 不要只留恋大城市

大学毕业生找工作时留恋大城市是个较为普遍的现象。一项来自有关部门关于"北京高校毕业生就业意向"的调查资料显示,在选择就业地域时,68.6%的人首选北京,排在其后的是经济发达的大中城市,占17.5%,而选择小城镇的仅为1.56%。但有资料表明,要求在城区工作的人,占想留在北京工作的人的83%,而实际上能如愿的仅占15%。

职业规划专家指出,对于年轻的求职者而言,确立符合实际的择业观和就业观是成功的关键。要能透过大城市优越的工作和生活条件,看到其在人们成长的过程中不利的一面。同时也要对自己的实力和优势有个正确的评估,也就是"衡外情、度己力",谋定而后动。

2. "大、名、政、外"不一定是首选目标

在选择企业时,"大企业"、"名企业"、"政府机关"、"外企"仍是毕业生的首选目标。有调查显示:目前在毕业生中,愿意到政府机关工作的,占37.5%;选择到私企、外企工作的,占32.1%;选择到大型国企工作的,占22.9%;选择自己开公司的,占7.5%。这就造成了毕业生就业难的现实问题。如果跟风盲从、"扎堆"外企,结果大都会碰得头破血流。

青睐外企、名企并无不当之处，公务员的待遇也令人向往，从积极的一面看，它反映出当代大学毕业生敢于挑战的可贵品质。从尊重毕业生职业选择权的角度看，此种现象无可厚非。但就业是现实问题，它受多种因素影响，对于多数毕业生来说，"大、名、政、外"则如同水中月、镜中花，可望而不可即。

3. 不要只追求热门职业

很多大学毕业生只盲目追求脱离自身实际的高工资、高待遇的理想工作，对基础职位不屑一顾。因此，在人才市场就出现了"热门难进，冷门更冷"的怪现象。而在企业眼中，刚毕业的大学生欠缺实践经验，需要先到一线锻炼，积累经验。

大学毕业生要从"零"做起，从基层做起，这样才能最终在社会中找到自己的位置。很多人都是从基层做起的，在起步阶段还经历了相当长时间的"煎熬"，但经历了这一过程他们就具备了优秀的素质：坚定的目标、顽强的意志、宽容的心胸、奋进的品格。

4. 提高实践能力，适当降低自我期望值

不少大学毕业生在择业时极容易出现眼高手低、心气太高，大事做不来，小事又不做的情况。结果招聘会去了一次又一次，"高不成，低不就"的，挑了好久还没拿到录用通知书。

在选择职业时，大学毕业生应该从主客观结合的意义上考虑问题，必须明白：要想顺利找到工作，必须对工作"拿得起"，将架子

"放得下",只有这样才能快速跑入"职道"。明确了职业发展方向之后,为了能够让自己进入职业前进专列,争取实现自我价值的机会,就要跟上求职就业动向,寻找对工作经验要求相对较低或无明确经验要求的职位。因为经验是大学毕业生的弱势,在就业当中碰到的很多问题就是工作经验、职业技能方面的问题,因此回避是明智之举。一般来说,注明要求三五年工作经验、有丰富业内资源的职位门槛太高,趁早放弃为好,要从基层做起,等有了机会,就能积累经验,有了经验,就会有更大的机会,机会和经验总是相辅相成的。

5. 不要盲目从众,互相攀比

不少毕业生在择业时容易受社会中一些舆论左右,盲目从众,追逐热门,而不考虑自身条件和社会整体需求,结果造成多人争过独木桥的情况,结果既影响择业,又浪费了自己的优势。

一些人觉得在上学期间我成绩比你好,荣誉比你多,"官职"比你大,理所当然工作也应比你好,却不知用人单位并非以此作为评判人才的唯一标准。如果同学的月薪是2200元,自己拿2000元则坚决不做,结果找来找去,连2000元都没拿到。所以择业时,要正确看待自己,遵守"择己所爱、择己所长、择己所需、择己所利"的原则。

6. 在简历中真实反映自身情况

许多人由于综合素质不高,就想靠造假学历、假证书、假荣誉等来获取工作，但是假的终究长不了，这样做反而毁了自己的名声，误了自己的前程。非但没有敲开就业的大门，反而丧失了就业机会，赔上了时间成本。

大学毕业生在制作简历时应抓住重点，对自己的能力，尤其是企业看重的能力进行重点表述。简历要有个性，要注重个人特点与企业文化的契合，忌盲目夸大，不要将简历制作得太花哨，也不要因为心急而盲目投放简历。

7. 不要茫然无措，顾此失彼

只有知己知彼，方能百战百胜。在校园招聘开始之前，总有些应届毕业生故作清高，不屑于参与进来，等到真正开始求职后才发现自己已被现实所"遗弃"，从而出现手足无措、自暴自弃的情况。

大学毕业生要利用招聘会现场的有利条件，与招聘人员积极主动地沟通。在投递简历前可向招聘人员询问是否愿意接收应届毕业生，如果愿意，再对照自身条件、职业目标考虑有无成功的可能性，如有希望，再想方设法了解企业的情况、某个岗位的具体职责、招聘要求等，同时也让招聘人员认识和了解你，从而给其留下一个深刻的好印象，这样机会就来了。要是找不到好工作就干脆不就业或者自暴自弃，最后只能一事无成。切记：新人求职，从容者胜。

8. 要懂得面试技巧，知道迂回而进

很多大学毕业生多次应聘失败，是由于忽视了面试技巧和礼仪，

因而被淘汰出局。在很多人看来，采取变通做法的人是投机取巧，因此他们不愿迂回前进。其实迂回前行的目的是继续前进，心中追求的目标依然存在，只是巧妙避开了障碍，迂回曲折了一下，这样反而赢得了时间、财力和人力。

如果一步到位行不通，不妨分步到位。先就业还是先择业，要视个人情况而定。每个人的经济压力不同，目标不同，选择也会不同。在现在的就业竞争环境之下，毕业生还是要树立"分步到位"的思想，先干起来积累经验，在摸索中进一步明确方向，找到最合适自己的定位，即先有保底的，再找更好的。

9. 要有自信，不退缩，不低就

在竞争如此激烈的今天，经历辛苦、艰难是必然的。许多大学毕业生因为书没读好、技不如人，不是名校名系、没有各种关系而产生自卑心理，灰心气馁，遂甘拜下风，不敢对自己"明码标价"，对于一些单位开出的不平等协议也违心签订，从而给日后的工作带来隐患。

信心代表着一个人在事业中的精神状态和做工作的热忱以及对自己能力的正确认知。有了信心，在求职应聘中就有冲劲，敢于面对失败和挫折，把每次打击都看成是力量和勇气的积累。所以，我们在任何困难和挑战的面前首先要相信自己。自信不是自负、自大、自傲，而是一个人不言败的信念。

10. 不要对物质提过多要求，不要过早考虑晋升

许多大学毕业生总是过多考虑物质条件，不但要求月薪高，生活好，还讲究住房、奖金等，只关心是否有晋升机会，是否能做重要的工作，有没有培训机会等，关心这些固然无可厚非，可企业会将这些看成是不成熟、浮躁的表现，这样就难免使双方产生难以调和的矛盾。

建议大学毕业生尝试从用人单位的角度思考问题，也就是换位思考。为何大学生就业那么难，很大一部分原因是绝大多数学生只站在自己的立场考虑问题，很少从用人单位的角度审视自己。因此，应届大学毕业生不妨把自己看成是企业，看看这个位子需要什么条件的人，自己是否具备了这个条件。如果你是企业负责人，找一个只讲待遇，不求上进或没有敬业精神的人，自己会不会愿意。弄清楚用人单位是怎样评价你的，自己与单位需求之间存在哪些差距等，这些有助于你在今后的面试等环节中把握分寸。

11. 别慌不择路，小心上当受骗

毕业生择业的过程是一个复杂的过程。面对严峻的就业形势，面对众多的竞争对手，要想获得择业的成功，需要过五关、斩六将，其中一关就是陷阱和骗局。一些骗子就是利用求职者的急切心理，绞尽脑汁、挖空心思对找工作的人特别是初入职场的毕业生，伸出罪恶的黑手，其骗术多多、花样翻新。因此，求职时千万不要急于求成，以免中了职场骗子的圈套。

12. 不要定某额度底薪，少钱不干

许多大学毕业生常常把薪金作为择业的唯一目标，给自己规定了月薪不能低于××元的底线。获得公平、理想的工资收入是每一个劳动者的基本权利，也是对个人能力和贡献、价值的合理回报。但我们应该看到，在当下大学毕业生就业供大于求的情况下，大学毕业生初次就业的薪金水平有走低的趋势。如果大学毕业生们非××月薪不干，固守所谓的底线，结果往往事与愿违。

13. 不要有个人主义倾向

一些毕业生在择业时缺少"国家培养我，毕业后报效国家"的理念，忽视国家和社会的利益及需求，很少考虑自身应对社会作出贡献，总是过分强调"个人的发展"，对工作单位的要求过多，把未来的所谓理想工作定位在稳定、高收入、不辛苦上，把实现所谓的"人生价值"作为择业的唯一目标。有的毕业生是独生子女，被溺爱娇惯，择业时不愿到边远地区去，把目标锁定在大中城市或自己的家乡。有的毕业生观念陈旧，不愿到个体私营企业去。有的毕业生总想就业单位环境好一点，工资高一点，工作轻松一点，要求单位十全十美，把方方面面的因素都考虑进去，如果哪个条件达不到，就不愿去。这些大学毕业生对单位要求太多，而不掂量自己的真才实学，不给自己合理的定位，最终往往导致与适合自己的用人单位失之交臂。

14. 不要有"人才市场供大于求"的悲观心态

高校扩招后，大学毕业生以每年几十万人的数量增长，所面临的就业压力越来越大。因此，许多人的脑海里不免产生这样的想法："大学生就业难的首要原因是就业市场供大于求"，"高校扩招"成为大学毕业生就业难的"罪魁祸首"等，再加上一些媒体对大学毕业生就业的报道通常是报忧的多，报喜的少，不能用准确的数据说明目前大学生就业的真实情况，这使许多毕业生很容易形成一种先入为主的心理，觉得所有专业、各种类型的学生择业都很难，并因此而恐慌起来，乱了阵脚，甚至悲观失望。

大学毕业生真的出现"过剩"了吗？事实并非如此。大学毕业生就业目标长期集中在经济发达的大中城市或国有大型企业、外企和政府机关，致使这些地方的就业市场达到超饱和状态。而在许多地方的一些行业，人才需求十分强烈，特别是中小民营企业普遍存在人才素质偏低、人才结构不合理的现象，急需大批大学生人才加盟；西部地区及欠发达地区迫切需要有一技之长的大学生们来建功立业。面临就业的大学毕业生应该想到的是如何适应社会和企业的需求，只有在这个前提下，才可能实现自己的价值。

总之，面对未来，每个大学毕业生都需要梦想的牵引，都需要勇敢地去实践，但是要"梦想高远，脚踏实地"。在求职的过程中，可能失败会多于成功，但是如果你一直有高远的目标，同时又能够把心放下，脚踏实地地去做好每一件事，走出种种求职误区，找工

作并不是件难事。

算算你毕业后还拥有多少时间

很多人都会有这样的想法：我们刚刚毕业，时间还有很多，所以我们大可不必担心我们的未来。但是事实并非如此，在以后的生活中，你所拥有的时间并不多了。这个时间不是按照你的生命来计算的，而是按照你的人生阶段来计算的。

人的一生，从生理上来讲可以分为童年、少年、青年、中年和老年。如果从社会关系上来讲，大概可以这样来分：被父母抚养的阶段，依靠父母生活的阶段，独立生活的阶段，成为父母的阶段，抚养儿女的阶段（同时会赡养父母），被儿女赡养的阶段。

在从生理上划分的一生中，你小的时候没有独立生活的能力，老去的时候也没有独立生活的能力，只有中间的一段时间可以自己支配。从你毕业之后到你退休之前，你还有大概30年的时间。这些时间中你可以自由支配的其实并不多。很多时候，你要做一些不得不做的事情。这些事情可能来自于父母，也可能来自于子女。例如，你必须要花费大量的时间陪伴自己的父母或孩子。

如果你觉得从生理的角度无法明确地感受到时间的紧迫，那么从社会关系的角度你就会发现，你的时间是相当紧张的。当你毕业之后，你就脱离了父母的抚养，从此你就是独立的个体了。此时的你距离结婚的阶段已经没有多远了。很多人会在毕业后五年左右结婚。在你结婚的时候，你需要一间房子，可能还需要一辆车。分析一下拥有一间房子所需要的资金，并与你此时所拥有的资金以及你每个月的收入进行对照，你会发现，以你现在的工资水平，很难在五年中赚到这么多钱，你可能需要十年或更久。但是你还有耐心等待十年吗？如果你没有耐心，那么你就要用五年时间完成十年的计划。你从毕业之后，就要有一种必须要争分夺秒的紧迫感。

那么你结婚之后就可以轻松了吗？答案依然是否定的。从结婚到生儿育女所需要的时间比毕业到结婚的时间更短。这个时间可能在一年到两年之间。此后你就要承担起抚养孩子的义务。抚养孩子并不是一件轻松的事情，你准备好奶粉钱了吗？你准备好他们读幼儿园和小学的钱了吗？而在这个时间段中，你可能要应对数目不等的房贷。如果你收入不高，房贷的压力也会让你吃不消。

等你的孩子慢慢长大之后，你也就慢慢老去了。随着你的老去，你的父母也会退休了，从此你就多了赡养父母的压力。之后你就会面临退休，再以后你就要为逐渐老去的自己操心了。

综观你自己的一生，毕业之后你可以自由支配的时间并不多。你必须在这有限的时间内完成你一生中最基础的工作。在你的一生中，所有的事情都是环环相扣的。幸福的生活是建立在一定的物质基础上的。没有物质基础，你即使结了婚也很难轻松地生活。所以从刚毕业开始，你就要明白你的时间并不像你想象的那么多，你必须要争分夺秒才能够为你的未来打下坚实的基础。

理性面对理想与现实

大部分初涉职场的大学毕业生,心中都会充满对美好生活的向往,而当他们积极投入现实中时,却发现理想往往会令人失望。在现实生活中,有不少大学毕业生每天都在为实现理想而努力,他们因理想而快乐,他们的理想为这个世界增添了积极的能量。可还有这样一些人,将生活和工作看得过于理想化,结果令自己总是面临失望、挫折,甚至是消沉。当理想遭遇现实,应如何将"职业热忱"进行到底,是每一位职场人都在思考的问题。

爱莎是某时尚杂志的记者。她爱时尚、爱逛街,不少朋友都很羡慕她的职业,因为上班时翻阅时尚杂志对她来说是"最正经的活儿"。然而爱莎却有不同的想法:"刚开始接触这行时,的确感觉相当兴奋,每天上班心情都非常愉悦。可是时间长了,我开始感到困惑和不安。"以前购物和翻看时尚杂志都是出于兴趣,然而现在目的和出发点却全是为了工作。"你试过看一本时尚杂志看到想吐吗?就是那种感觉。没有了那种休闲的心情,眼睛光盯着别人的选题和排版,与兴趣再无关联。"爱莎如是说。如今她每次去服装店挑衣服都是为了模特,她说在工作之外,自己再也提不起兴趣去接触那些在别人看来"既兴奋又美好"的事了。

在职业发展遇到瓶颈或挫折时,兴趣或理想在现实面前可能会变得比较脆弱,这会让人对自己感兴趣的职业产生倦怠感。这时,很多人会产生"兴趣和职业是否适合共存"的想法。在这方面，爱莎称得上是一个典型的例子。

阿贝大四快毕业了，她念的是数学系。自小她就很喜欢数学，无论考试还是奥数比赛成绩都不错。但面临毕业，她却很苦恼：数学系的招聘需求很小，看了不少招聘网站，没有几个企业是要这个专业的。她开始到一些跟数学有关的行业去挖掘：分析师、市场助理、货仓核算……还是找不到十分吻合的。看看同学们，有人准备考研，暂时逃避求职的现实，有人打算进学校当数学老师，更多的人直接去找毫不相关的行业。阿贝现在很迷惘，马上要进入社会，还不知道找什么职业。有同学说，现在做医疗器械销售"油水"多，只要肯努力，比其他毕业生的收入都高。也有亲戚告诉她，想找个自己人当会计来记账。是多赚些钱还是求安稳？是否要继续寻找跟数学有关的职业呢？迷惘的阿贝每天都感到不知所措。

阿贝的理想与现实发生了严重的冲突，导致她备受煎熬。事实上，对于初入职场的年轻人来说，最好选自己感兴趣的职业。因为一个你感觉没兴趣的职业，将可能带来一段失败的职场经历。知识是可以快速补充起来的，而培养兴趣则需要漫长的时间。

无数事实证明，正确的职业理想是建立在认识自己的能力、设定合理的目标基础上的，否则它将成为"海市蜃楼"。那么，当理想和现实交集在一起的时候，大学毕业生应该怎样认识职业热忱？有什么样的职业理想才是合适的？要怎样设定自己的职业理想呢？

1. 要有足够的职业热忱

大学毕业生应该有足够的职业热忱，否则可能会被淘汰。职业热忱对初入职场或新更换工作岗位的人来说，是非常关键的。如果你没有职业热忱，你将很难对当前工作产生兴趣。"混日子"的心态将使你慢慢失去竞争力，最终被职场淘汰。因此，具有职业热忱是非常重要的。首先，职业热忱能让你为当前工作投入大量精力。当你对一项工作抱有很大热情时，你不会计较何时下班，在你心中做好工作才是最重要的。其次，职业热忱能让你察觉自身能力或知识结构方面的缺陷，不断提高和充实自己。当你对某项工作很投入时，你会遇到一系列的难题，这就会让你对自己的能力和知识结构进行全面的审视，从而主动地补充知识、提高能力。最后，职业热忱能让你把目前的工作变成一种兴趣。

2. 起点低些为好

设定自己的职业理想时要根据自己的能力和外部环境来综合考虑。如果自身知识和技能都比较低，而且外部环境也不容许自己投入大量金钱和时间提高、充实自己时，不妨设一个较低的目标。一旦目标实现，对个人自信心的提升将很有帮助，否则你将在不断的挫折中生活，时间长了你的自信心将受到严重的打击。

3. 分段设定职业理想

职业理想要分为多个阶段，例如想成为公司独当一面的高级领导，你就要为自己设定详尽的职位升迁路线图，如何时晋升为主管、何时成为经理等，这样你才能感觉到你离自己的理想越来越近了。

4. 不断细化对理想的描述

职业理想不能永远都是个虚无缥缈的东西，你要把对职业理想的描述写下来，然后和现在的实际情况进行对照，看哪些是你已经具备的，哪些是你目前还不具备的，这样你的目标将更加具体，你也更能实现职业理想。

目前很多职场人士对自己的工作都不满意，因此很多人的跳槽频率都很高，其实这都是由过于理想化的"职业理想"造成的。如果你目前的工作是实现"职业理想"的必经之路，那么你就要用心做好本职工作。只有这样，你以后的职业发展才会更顺畅。

勇敢面对残酷的现实

大学毕业生在步入社会的最初阶段，往往无法将心中的幻想和现实分开，觉得生活会按自己的计划而行，一切都会非常美好。但是现实是非常残酷的，它不会在乎一个人的美梦，梦想越完美，在现实中感到的反差就越大。

大学毕业生得到"金饭碗"的时代已经离我们远去了。随着高校的不断扩招，大学毕业生每年都在增加，作为一个普通的毕业生，你已经没有任何优越的资本。你也许在毕业很长一段时间，甚至是

几年以后，依然无法实现自己的第一个梦想——找到一个合适的工作。你会发现你微薄的薪水在这个城市中是那么微不足道，你甚至连生存都变得异常艰难。你所学习的各种知识并没有给你带来财富，你甚至都不敢跳出现在让你维持生活的小公司，因为你害怕面临没钱吃饭的困境。此时你就会觉得生活和你开了一个不小的玩笑，你不理解它，它也不理会你。

在生活中碰了几次壁之后，你就会觉得你已经被生活遗弃了。其实，实际的情况并不是你想的那样。现实原本就是现实，它完整而真实地呈现在那里，只是你视而不见罢了。你不能正视现实，那么现实就显得异常残酷，因为它和你心中的构想完全不同。你应该明白，现实原本就是这样的，你无法回避，也逃脱不了。如果你不能正视它，和它开一个玩笑，那么它就会和你开一个玩笑。曾经有这样一个故事：

一个刚刚毕业的学生去面试第一个工作。他觉得自己毕业的院校比较出名，自己也比较聪明，成绩也是名列前茅，所以当老总问他希望获得什么样的待遇时，他说："我希望自己年薪10万元，然后公司可以解决我吃和住的问题，每年可以有一个公费出国的机会。"老总微笑着对他说："我给你年薪20万元，免费给你买一个别墅，然后让你每年公费出国两次，你觉得怎么样？"男孩吃惊地说："不会吧，你不是在和我开玩笑吧？"老总哈哈大笑："是你先跟我开玩笑的！"

一步登天只是电影或电视中的情节。在生活中你要学会面对现实，一切从实际出发。

从你离开学校的那一天起，你就要明白运气只是小概率事件，你也许可以碰到，但如果把它当做希望，那你就错了。首先你应该考虑一下，在数以百万计的毕业生中，你真的那么出类拔萃吗？你是毕业于最好的学校，学习最热门的专业，并取得最好的成绩吗？如果不是，你就要重新为自己定位。然后你还要扪心自问一下，你真的会比其他人做得更好吗？你哪里非常优秀呢？当你明白了这一切之后，你就知道了，此时你只是百万毕业生中的一个，你所有的梦想只是梦想，并不是现实。你的一切行动都不能脱离你的位置，因为它决定了你可以做什么。一切不基于现实的想法都是空想。

由于高校的扩招以及研究生的增多，大学毕业生面临的就业压力越来越大。大多数毕业生都处于激烈的竞争之中。虽然这不是你死我活的战争，但是它依然关乎着你的生存和未来的发展。你需要从思想观念知识储备等各个方面都做好准备。

如何在理想和现实中寻求平衡

在当今社会，大学毕业生最大的困惑是远大理想不能实现。我们从小学到大学，绝大多数人的理想都是这个"家"、哪个"家"，很少有人希望自己将来当工人或是农民，可现实的情况是能成"大

家"的毕竟是少数，也就是说，大多数人的美好理想是不能实现的。不能实现怎么办？关键是怎样在理想和现实中寻求平衡。

怎样寻求平衡？让我们先来重温一下《西游记》。孙悟空是大家耳熟能详的人物。他应变能力特强，会七十二般变化；办事效率特高，翻一个筋斗就是十万八千里；洞察力特强，有一双火眼金睛能看穿妖魔鬼怪的变化。就是这样一位绝对的高手，走上职场也摔了个大大的跟斗。他先是恃才傲物嫌弼马温官小，还不把玉帝放在眼里，并自称为齐天大圣；后来去管蟠桃园，又监守自盗偷吃蟠桃，还恼羞成怒推说自己满身本事而玉帝却不重视他、看不起他，还不如回到花果山去。于是，他为了逃避责任，一走了之。后来他最终被如来压在五行山下。

由此我们可以看出，孙悟空有满身的本事，还有远大的理想，可就是无法无天，还一味蛮干，最后，理想在现实中被击得粉碎。我们年轻人应从孙悟空身上吸取教训。

1. 降低理想的高度

从五行山下出来的孙悟空再也不当齐天大圣了，而是一心一意地做起了唐僧的开路先锋。我们每个人都应该根据各自的现实情况，适当地降低自己的理想目标。

大学毕业生要从平凡的岗位做起，用心去学习、去感悟，将自己远的大理想化为工作中一个个具体的小目标，然后再分阶段地逐步去实现。

2. 书本的知识要学以致用

有些刚毕业的大学生自以为是人才，刚参加工作就只想干大事，不想从底层做起。他们总希望有位"伯乐"般的领导能相中他这匹"千里马"，总希望人生的道路有捷径可寻。如果得不到领导的重视，就认为"英雄无用武之地"，于是就产生逆反心理，态度消极，工作不思上进。其实，作为刚刚走入职场的青年，应该明白读书是为了做事，只会读书不会做事就是书呆子。要把学到的知识，用到具体的工作之中，即使在平凡的岗位上，也要做出不平凡的业绩。

作为大学毕业生，我们应该从最平凡的工作做起，不要总想着一步登天，要做一行爱一行，爱岗敬业。像迪士尼员工一样，连扫地也十分用心。他们要考虑用什么样的扫帚来扫纸屑、扫灰尘和扫泥污等；要考虑扫地时离游客多少米远，才不会影响到游客游玩；要考虑什么时候扫最合适。想想看，我们做得如何？他们连扫地都做得那么认真，并肯动脑筋，用掌握的知识解决问题，还有什么工作做不好？只有把自己的所学、所长运用到具体的工作之中，把知识变成能力，你才能脱颖而出，朝着自己的理想目标迈进。

3. 要加强个人的道德修养

理想的高度降低了，自身的知识又转化为能力，而且还在不断地更新和升级，理想是否就一定能实现了？回答是：不一定！还有最重要的一点，那就是一个人的德行要好。一个人有了知识、能力和水平，只是有才，这是不够的，必须具有德才兼备的综合素质。

个人的道德修养不是与生俱来的,我们需要通过后天的教育和学习来培养。拥有丰富的知识和较高的工作能力之后,还必须提高个人的道德修养。只有德才兼备的人,才是国家、社会和企业都需要的人才。

4. 读好书、读懂人,才能做好事

读好书是为了做好事情,但是要把事情做得好一些,光是读好书还不够,还得读懂人。像孙悟空在三打白骨精时,"一打"我们暂且不去理论,但是"二打"和"三打"就很有问题了,至少是不讲究方法。孙悟空有火眼金睛而唐僧只有凡眼,孙悟空看到的是妖怪,而唐僧看到的只是一个十七八岁的村姑和一对七老八十的老人家。孙悟空先是没有读懂以慈悲为怀、一心向佛的师傅——唐僧这个人,再就是不去努力沟通,最后是打了妖怪,做了好事反被师傅念了紧箍咒,痛得死去活来。所以,要把事情做好不仅要把书读好,讲究办事的方法,还必须会读人。要把人读懂,最好的方法便是有效沟通。

我们当代的大学毕业生如有一些好的意见和建议,要学会怎样与领导和同事沟通,以求得他们的理解和支持。久而久之,你就会发现你的工作环境很不错,职业发展也比较顺利了。

总之,我们只有在理想和现实中寻求到平衡,才能平心静气地面对一切困难,才能根据自身特点去主动地寻找发展的空间,随时修正自己前进的方向,才能正确处理社会、企业和个人之间的关系,最终在事业上取得成功。

千万别混淆了理想与天真

每个人都有自己的理想，理想是你生活的动力。还有一种和理想类似的想法，那就是幻想。幻想代表了一种不切实际的思想。这种思想用一种通俗的说法来说就是天真。理想与天真之间有着天壤之别。

刚刚毕业的你拥有很多的想法，这些想法有的是可以实现的理想，有的是无法实现的幻想，还有一些是你自己也没想过要实现的空想。如果你把这些想法当做事实，那么你就会变得天真了。例如，你希望这个世界人与人之间都真诚相待，这本没有错，但是如果你认为在这个世界中，人与人之间已经真诚相待了，那么你就变得天真了。

天真本来是和理想无关的，但是理想却会导致人天真。天真就是在理想与现实之间存在差距时产生的。很多人都因为理想而变得天真了。很多天真的人都认为自己就是这个时代的骄子，一切美好的理想都会慢慢实现的。他们就这样充满期待地生活着，把一切都想得过于简单。

如果你想避免天真，那么就只有正视现实。只有明白自己处于什么样的现实中，你才能更好地生活。正视现实并不是让你忘却你的理想，而是要你基于现实来考虑一切问题。例如，一个人想让别人帮忙，首先认为他一定会同意，然后又基于这个假设来安排自己的工作，这样就会被人认为天真了。

有这样一个人,他是学物理学的,为人老实,但是过于老实,做事时不知道变通,也不懂得人情世故。这样的人本来应该做一些比较务实的、技术性比较强的工作,但是他却梦想着成为商人,并将家里所有的积蓄都投入自己的所谓的事业中。结局可想而知,他最终将所有的钱都赔光了。

理想并不是你天真的资本。理想只代表了你的追求,它并不是既定的事实。理想能否实现要靠你的努力,如果不能脚踏实地、一步一步地完成你的人生规划,你就无法实现你的理想。

总之,不明白理想与天真之间的关系,你就无法完全脱离天真的思想。而天真的思想会阻碍一个人成长的脚步。因此,大学毕业生千万别混淆了理想与天真。

认清自己是接近现实的第一步

在我们的周围,所有人都在忙忙碌碌地辛苦奔波。很多人都付出了艰辛的努力,但是成功的人总是凤毛麟角。为什么会这样呢?因为有的时候,盲目地努力只会让我们偏离正确的道路。只有清楚地知道自己的长处、短处,明确自己生活的目的,你才能尽可能地接近现实。

1. 知道是什么让自己快乐

我们通常会因为努力的过程而忘记了努力的目的,最终认为努力本身就是生活。可以回想一下你一天的生活，从早晨起床、刷牙、洗脸、吃早餐、上班、下班直至最后倒头大睡，在这个过程中，哪些事情是让你感到快乐的？哪些努力是盲目的？然后你可以回想更长的一段时间，如在上个月中，你做了什么？什么事情给你留下清晰的印象？你是否会觉得这个月和其他的月没什么两样？通过这些问题你可以审视你一年的生活。最终你会从中找到那些在时间洪流中没有被淹没的东西，并从这些记忆中找到是什么让你真正感到快乐。

很多人认为生活是无法选择的，你的出身、你自身的条件、你的境遇构成了一个圈子。这个圈子会套住你，并形成一种压力。它会让你觉得一切梦想都是不现实的，你所想的和你所做的之间存在着一个巨大的鸿沟。这样你会觉得很不快乐。

其实大家都搞错了一个概念，你的理想和你的快乐并不是同一件事情。你的快乐要比你的理想近得多，也更容易实现。也许你为家人做了一个好吃的菜你就获得了快乐，也许你给喜欢的人买了一件礼物你就获得了快乐，也许你早上起来看到天空中有一片彩霞你就获得了快乐。我们大多数人都是平凡的，也许我们永远无法成为我们心目中的人，但我们可以和他们一样拥有快乐！

2. 明确并制订你生活的目标

每个人无论是高贵还是卑贱，也不论生长在城市还是乡村，都会有自己的理想。但是这个理想更多的时候并不是你的生活目标，

它只不过是你心中的一个梦想。所以你在制订生活目标的时候，首先就要将梦想与目标区分开。

那么怎么区分梦想与生活目标呢？其实这个很简单，生活的目标可以按照步骤，有计划地完成。例如，你可以制订计划，今年做销售员并努力提高自己的业绩，争取来年晋升为销售主管，这些都是切实可行的。但是如果你梦想成为伟大的科学家，但你现在做的却是销售员，那么这个梦想实现的可能性就要小得多。当一件事情的实现概率过小时，就可以将它划为梦想的行列了。

制订的生活目标要按照步骤慢慢实现，所以目标确定的那一刻就是你行动开始的那一刻。每个人所有的时间和精力都是有限的，你专注做一件事情的时候，就会忽略其他事情。所以在制订生活目标时，要事先做一个最坏的估计，看你是否能够输得起，如果你觉得自己无法承受失败带来的严重后果，那么就要重新规划你的目标。

每个人都处于不同的生活环境中，为了生活必须要努力打拼并认真规划生活。作为大学毕业生，因为已经毕业，已经离开了学校，离开了父母的"保护伞"，所以必须认真对待未来的生活，自立自强。看看前方的道路，还有很多人等着你去爱护、珍惜，还有很多事情等待你去完成。所以必须制订生活目标。在制订生活目标的时候，需要遵循以下原则。

一是可行性原则。很多人会为自己制订很高远的目标，并且觉得有挑战才会有动力。这样想并没有什么错，但是会带来一个问题，就是成功率的问题。从理论上讲，没有什么事情是不可能的，但是随着事情难度的增加，成功的概率也会有变化。就像全世界2%的人掌握着50%的财富一样，能够成为成功者的只是少数人。不是说你的目标无法实现，而是说你失败的机会太大了，大到不值得你去赌一把。

判定一个目标是否可行要以完全了解自己以及自己所处的环境为基础。最直观的判定办法是与其他人进行比较，通过与条件类似人的对照，可以大致分析出自己可以实现或可能实现的目标。因为所有的判断都具有主观性和片面性，同时一个人的命运有太多的不确定性，所以在制订自己的生活目标时可以有适当幅度的波动。

二是现实性原则。现实和爱好之间总是存在着一些差距，特别是对一个已经大学毕业并开始走向社会的人来说，已经没有太多的时间来从头构建自己的理想了。你从小学、中学到大学的学习，已经基本构成了现有的知识结构。从踏上社会之日起，你可以利用的就是这些知识，虽然你还在不断地学习，但是与你二十几年的学习时间相比，都显得太短暂了。所以你在制订目标时，首先就要基于你自身所面临的现实出发。如果你的目标和爱好刚好相同，那么就要恭喜你了；如果你的目标和爱好之间差距过大，那么建议你偏重现实的目标。

太多的人看了太多的关于努力和奋斗的故事，这些故事本意是想教育我们不应该放弃希望，任何时候都应该尽力。但是很多人误解了故事的本意，他们片面地认为，只要努力了就一定可以成功。这就导致人们出现了一个很严重的错误：生活的目标并不重要，只

要你努力去做，无论你想实现什么目标都是可以的。其实现实是很残酷的，例如，一个班有50个人，每个人都努力学习，最后仍然要有人垫底，有人取得第一。

3. 知道自己的长处和短处

在两千年前，古希腊人曾刻下了这样的铭文：认识自己。但是两千年过去了，认识自己作为一个永恒的话题，依然困扰着我们。我们学习了很多东西，这种学习花费了我们十几年的时间。当我们终于离开校园，开始运用这些知识时，我们会忽然感到我们所掌握的和我们所擅长的其实并不相同。我们在学校的整个经历中，所有人的生活都过于类似，而且每天、每月、每年的生活也都差别不大，所以我们在判断自己擅长什么时，可以参考的坐标并不多，但是我们仍然可以通过认识自己来对自己擅长的方向做一个基本的判断。

有一天，一个国王独自到了他的后花园里，花园里所有的花都谢了，园中一片荒凉。后来国王了解到，橡树由于没有松树那么高大挺拔，因为轻生厌世死了；松树因为不能像葡萄那样结许多果子，于是死了；葡萄也哀叹自己终日在架上，不能直立，于是也死了；牵牛花也病倒了，因为它叹息自己没有紫丁香的芬芳。其余的植物也都没精打采，只有一片小草在茂盛地生长。

"小草啊，别的植物全都枯死了，你却这么勇敢乐观，毫不沮丧，这是因为什么啊？"国王问。

小草说："国王啊，我一点也不灰心失望，因为我知道，每个事物都是有自己的特长的，何必拿自己的短处与别人的长处比较呢？"

对于大多数人来说，认识自己的短处比知道自己的长处要容易一些。因为很多时候我们更容易记住惨痛的教训。但是很多人对明白自己短处的意义的理解却不一样，总是认为人生是遵循水桶原则，所以必须努力弥补自己的短处，这样才能够做得更好。另一部分人认为，相对于短处，长处更加重要，明白自己短处的意义在于避免重复犯错，而最终能否成功要看你的长处到底能发挥到什么程度。这个问题，貌似是一个"公说公有理，婆说婆有理"的观点，其实并不是这样的。很多事情需要具体问题具体分析，从整个人生的角度来看，一个突出的长处一定是成功的关键。从另一个角度来看，如果你的短处构成你实现目标的一个部分，那么这个短处就会制约你的成功，正如很多故事所讲解的一样，一个细节最后决定了你的成败。但是你必须明确的一点是：不是所有的细节都会决定你的成败，否则你总会关注生活的细节，而无法把握正确的方向。

4. 努力改正缺点

人的很多缺点都是经过长期的积累才养成的，所以一般也不能在一朝一夕之间就改变。在克服各种缺点时，首先要把这些缺点记在心里，养成随时随地想起这些缺点的习惯。很多的缺点，其实不是很难克服，而是你没有意识到要去克服它。

让规划来指导你不偏离现实

当你明白在成功的道路上还有很多困难时,你就需要对你的人生做一个规划了。这个规划不一定要非常细致,但是需要有一个终极的目标和一些阶段性的目标,这是你不至于脱离现实的保障。这应该是一个依靠努力可以实现的计划,同时它也应该具有很大的弹性,能够应对随时出现的各种情况。这个规划将会是你生活的指导,你每天起来或者晚上睡觉前,可以花大概一分钟的时间思考一下:你是接近了目标,还是远离了它?

1. 要有一个追求的目标

有这样一句名言:"当一个人连自己的目标都不知道是什么时,任何方向对他来说都是不合适的。"所以在制订规划的最初,你需要拥有的就是一个清晰明确的目标。一个明确的目标是所有规划的基础。

2. 不要在乎你的起点

刚刚毕业的人通常对第一份工作的要求会过高,他们会用理想中的标准去衡量它,而不是从自身的角度来考虑。其实能把第一份工作做到最后的人并不多,很多时候他们会不断地换工作。你的第一份工作很多时候只是你发展的踏板,你应该看重的是它所给你带来的更多的人生经验,因为这些经验最终会转化为你在社会生活中的智慧。你的第一份工作是你熟悉社会规则的最佳途径,无论什么人想成功都得熟悉这个社会规则。

3. 明确自己擅长的是什么

明确自己擅长什么这一点非常重要，因为在这个社会上，和你一样的年轻人有很多，和你同一年毕业的人就数以百万计，更何况还有更多的其他竞争对手。如果你不能找到你相对于其他人的特长，那么你就很难脱颖而出，更谈不上取得成就了。你需要扪心自问一下："我凭什么可以成功？为什么是我成功，而不是其他的人呢？"如果你不能很明确地回答这个问题，那么说明你还没有真正知道自己的长处。人生的成就是看你的特长究竟能够发挥到什么程度，而不是看你有什么短处。所以要努力找到自己的长处，并尽量发挥出来，这是你成功的必要条件。

4. 要考虑到事情的变数

永远不要认为一切都会按照计划进行，你可以按照自己的计划去完成你的设想，但是你要时刻准备好应对突发的事件，否则你的计划很难进行。

有一句话叫："盲人骑瞎马，夜半临深池。"意思是盲人骑着瞎马，在伸手不见五指的半夜走在深渊旁边。比喻盲目行动，后果十分危险。为什么盲人骑瞎马会这么可怕呢？主要是因为在这样的情形下，人会没目的，很有可能坠入深渊，走上不归路。没有规划的人生就和盲人骑瞎马一样，随时都充满危险。

所以，有一个规划，即使是一个并不完美甚至有很多问题的规划，也会让你的生活向着更加正确的方向前进。

第五章 摆脱创业道路上的尴尬

大学毕业生之所以在创业道路上遭遇尴尬，关键是大学毕业生自身思路闭塞，缺少创业技能和条件以及外部环境如就业形势严峻等，诸多不利因素影响了大学毕业生自主创业的积极性。在尴尬的创业局面下，有创业志向的大学毕业生不要灰心，应坚定对自主创业的认识和追求。

细致的创业准备必不可少

大多数大学毕业生把创业这个过程想象得太复杂或是太简单，究其原因，还是在于他们没有准备好去创业。创业是一个系统工程，它要求创业者在能力、知识、心理等方面有一定的积累。在我们的大学生创业者中，认为凭一个好的想法或创意就一定能创业成功的人并不少。他们在创业时对可能遇到的问题准备不充分或根本就没有思考对策与设计好退路，对来自各方面的负面因素浑然不知，因此，很可能在一开始便遇到各种各样的难题，创业之路还没有走多远，即以失败告终。所以创业前的准备必不可少。

创业不是一时的冲动，我们必须要为这个在旁人看起来略显遥远的想法，做好充分的准备工作。具体来说，大学生创业需要有能力准备、信息准备、知识准备和心理准备。

1. 能力准备

创业的能力准备包括以下几个方面：

一是规划目标的能力。许多人之所以选择创业都不仅是为了自己的物质需求，为了获得更大的人生价值。还有把自己创业的目标和自己事业的目标、人生的追求结合起来，创业才会更加有意义。怎么能找到适合自己的创业目标呢？创业的目的应该包括事业的选择、家庭的幸福、个人的成长、社会责任等多个方面，不能因为创业就找到了所谓"正当"的理由而忽略家庭，也不要在创业中忘记自己的社会责任。

二是计划管理的能力。目标是计划的基础，没有目标就会缺乏方向。对一个没有目标、缺少规划的人而言，其创业道路将会布满荆棘。做不出计划的人是缺乏目标和方向，是职业思维偏离了正确的方向，是职业能力和职业素养低下的一种反映。

三是处理危机的能力。在最短的时间内妥善处理危机，这是对创业者的基本要求。要提高危机处理能力，具有危机处理意识，先要了解危机。而要了解危机，首先需要了解突发事件。危机的形成往往有一个或长或短的过程，而突发事件往往就是危机的导火索。突发事件往往有三个特点：第一，突然发生，难以预料；第二，事态严重，需要立即处理；第三，首次发生，无章可循。这些特点要求我们在处理突发事件时要机敏、迅速，以免突发事件转化为危机事件，

从而影响公司的利益和形象。

四是社会交往能力。以往人们总是强调自主创业，但如今这种观念正在改变，人际关系在创业中的作用逐渐加大，人脉圈日益成为创业信息、资金、经验的"蓄水池"，有时甚至在商业活动中起到四两拨千斤的神奇作用。目前"朋友经济"在商业中的作用日益显现。金融投资家俱乐部的成员就包括投资公司老板、证券商、银行家，他们手中掌控着上千亿元资本和无限商机。在当今提倡合作双赢的时代，过去那种单枪匹马的创业方式已越来越不适应时代的需求。因此，扩大社交圈，通过朋友掌握更多的信息，寻求更大的发展，日益成为成功创业的捷径。

2. 信息准备

创业的信息准备包括以下两个方面：

一是相关行业信息。对于某个行业，在深入调查之前，我们总会带有某些梦幻色彩：信息技术产业从业人员拥有人人羡慕的高薪，经过调查你会发现，很多程序员有钱没时间花；时尚记者经常接触知名人士，看上去时间充裕，工作光鲜，经过调查你会发现，很多记者赶稿赶到凌晨，第二天还要等待被访人的出现。如果早一点了解相关行业的具体状况，至少会做出更加符合自己能力和兴趣的决定。

二是相关法律信息。在开始创业前，应了解我国的基本法律环境。我们要了解设立企业相关的法律知识。设立企业从事经营活动，必须到工商行政管理部门办理登记手续，领取营业执照，如果从事特定行业的经营活动，还须事先取得相关主管部门的批准文件。有的企业在设立前，创业者有必要了解有关开发区、高科技园区、软件园区（基地）等方面的法律、规章等，这样有助于选择创业地点，以享受税收等优惠政策。此外，还要了解相关的出资法律、会计财务税收法律法规、劳动人事方面的法律法规与知识产权相关的法律法规以及日常运营中需要了解的法律法规。这里只是简单列举创业常用的法律，在企业实际运作中还会遇到大量有关法律的问题。作为创业者或者企业经营者，需要对这些问题有一些基本的了解，对于专业问题须请律师帮助处理。

3. 知识准备

创业的知识准备包括以下几个方面：

一是学习创业领域的专业知识。掌握专业知识是创业的前提。创业者要想在某个领域创业，一定要了解这个领域的专业知识，比如开食疗餐馆要略懂中医和营养学，而且必须对员工进行适当的培训，使其能提供专业服务。

二是学习企业管理知识。企业管理是一门高深的学问，涉及的方面很多。学习企业管理知识，首先应该系统了解企业为什么要进行管理，企业管理为什么能够帮助企业实现根本目的，不了解这些而去谈企业管理就没有任何意义。要对企业管理有整体性的认识。要将理论用于实践，除了要在工作中运用，更要多读一些咨询公司

的刊物，例如《环球企业家》、《哈佛商业评论》等刊物。

三是学习商业知识。学习商业知识是创业的第一步。作为一个经营者，应具备的基本商业知识包括合法开业知识、营销知识、货物知识、资金及财务知识、服务行业知识。对于创业者来说，上述知识不需要全部都掌握，你只需掌握与你选择项目方法有关的知识，学以致用。上述知识可以通过专业培训，就业指导咨询，广播电视媒体讲座，自学或向别人请教等多种方式获得。

四是学习社会知识。社会常识是人们在社会生活中必须掌握的知识。它看似普通平常，实则蕴涵着古今中外人生的大智慧。其内容涉及礼仪常识、场景口才常识、语言沟通常识、社交心理常识、与人相处常识、识人常识、送礼常识、宴请常识、职场生存常识、创业常识、理财常识、安全常识、防骗常识等。只有掌握这些社会常识，才能树立起良好的形象，掌握优雅的礼仪，具备卓越的沟通能力，游刃有余地处理各种人际关系，办好各种难办的事，建立广阔的人脉，获得财富和成功的青睐。

4. 心理准备

创业的心理准备包括以下几个方面：

一是正确认识创业。有的大学毕业生在创业的过程中迷失了自己。这源于对创业的模糊认识。创业是商业行为，商业行为就必须要赢利。很多时候，商业模式最好简单清晰，环节越多，周期越长，成本和需控制的风险就越大。创业，最重要的是脚踏实地。要从商人的角度面对市场和竞争，然后再讲理想和抱负，当然这里有个重要的前提，就是要先做好人。另外，不要太看重钱，该投入时一定要投入。

二是要有创业意志。创业者必须要养志，培养坚忍不拔的意志。创业是一个需要长期坚持、努力奋斗的过程，很少有立竿见影的事发生。意志薄弱者、过分谨慎者、贪图享受者是不适合创业的。

三是完善心理品质。良好的创业心态是每个创业者理智走向成熟、走向成功的基础。良好的心态包括独立思考、判断、选择、行动的心理品质，善于交流、合作的心理品质，敢于行动、敢冒风险、敢于拼搏、勇于承担行为后果的心理品质，敢于克服盲目冲动和私利欲望的心理品质，坚持不懈、不屈不挠、顽强努力的心理品质，善于进行自我调节、适应性强的心理品质。

总之，大学毕业生在创业前一定要想到诸多问题，尤其对于创业中会出现的问题和风险等要做到心中有数。只有这样，才能规范操作，避免损失，循序渐进，创造辉煌。

大学毕业生的创业方式

大学毕业生的创业方式有很多种，如知识型创业、技术型创业、特许经营、概念创业等。下面对其简单加以介绍。

1. 知识型创业

知识型创业,主要是以知识、信息的传播和交流为特征的创业方式。其特点是,以广博的知识和海量的信息为人们提供快捷而准确的服务,或以深奥的各学科专业理论知识为社会主义建设事业提供咨询服务。知识型创业的创新行为在于知识信息的交流传播方式方法的应用上,而不在于知识信息本身。常见的创业形式如咨询和诊断服务公司、信息交流传播公司等。

2. 技术型创业

技术型创业,主要是以知识的应用,生产工艺、方法的改进为特征的创业方式。其特点是,将各种知识灵活应用于各个实践领域,以期提高生产效率,改善人们的生产环境和生活方式。技术型创业创新行为在于知识的灵活应用上。其创业形式多种多样,例如,信息技术、生物技术行业。

3. 特许经营

特许经营,指特许者将自己所拥有的商标(包括服务商标)、商号、产品、专利和专有技术、经营模式等以特许经营合同的形式授予被特许者使用,被特许者按合同规定,在特许者统一的业务模式下从事经营活动,并向特许者支付相应的费用。简单来说,特许经营就是交纳一定的费用,然后与大机构合作开店。作为一种全新的现代营销模式,特许经营已成为个人创业的重要途径。

4. 概念创业

概念创业，顾名思义就是凭借创意、点子、想法创业。当然，这些创业概念必须标新立异，至少在打算进入的行业或领域中是个创举，因为只有这样，才能抢占市场先机，才能吸引风险投资商的注意力。同时，这些超常规的想法还必须具有可操作性，而非天方夜谭。概念创业适合本身没有很多资源，需要通过独特的创意来获得各种资源，包括资金、人才等的创业者。

以上几种创业途径，哪一种更适合你，还需要根据自己的实际情况来选择。

怎样选择好的创业项目

很多人都不乏创业的冲动和梦想，但选择一个好的创业项目却不是一件容易的事，特别是一些刚从学校毕业的大学生，对自己和社会都缺乏了解，选择创业项目时会非常迷茫。大家往往比较青睐一些很容易看到的创业项目，比如小商品店、小饭店、酒吧、咖啡屋、美容院、外语培训机构等，但对各行各业的了解很有限，不能真正找到适合自己发展的道路。如果方向选择错误，那就等于把事情做错了一半。

总的来说，大学毕业生在选择创业项目时，首先要了解哪些行业是国家政策鼓励和支持的，哪些是限制的。具体来说，资金有限的创业者可选择的行业有：投资不多的劳动密集型行业，如服装、

食品加工、印刷包装、工艺品、电子仪器等；为汽车、通信设备、生物医药等领域的一些大企业进行零配件加工或配套服务的行业，既可保证产品销售，又可节省投资；信息、咨询、广告等服务行业；维修、快递、家政、清洗、保健等便民、利民服务行业；餐厅、小百货店、文具店等行业。创业初期应尽量充分利用自己的优势和长处，做自己喜欢的、熟悉的事，这是不少成功创业者的共同体会。另外还要注意选择有特色的项目。

不论你的具体情况怎样，如果你要创业、要选择创业项目，应考虑以下几个途径。

1. 从自己最熟悉的领域发掘机会

许多创业者都是从自己以前的工作领域中脱颖而出的，他们在本行业积累了一定的工作经验，发现了许多目前还欠缺的产品和服务以及更多有待于改进的工作方法，为了自身的发展和作出更多的社会贡献，就通过创业把自己的想法付诸实践。

这种创业模式的优点非常明显，创业者能够为自己的事业打下基础，比别人具备更多的知识和经验，这样在创业之初就比别人多了一分优势。如果舍弃了自己具备的丰富的经验，转向自己从未学习过和实践过的领域去开拓自己的事业，则有一定的风险性。

2. 做自己喜欢从事的行业

我们知道，如果从事的工作不是自己感兴趣的，很难有热情，而没有热情往往经不起失败，工作也显得毫无意义。

北京某早教中心的创办者，在创业之前是一位高级白领，学习和工作都是在金融领域，但她对幼儿三岁以前的早期教育却很感兴趣。她认为，既然养猪养鸡都需要技术，更不要说培养孩子了，于是毫不犹豫地辞掉了年薪30多万元的工作，创办了这个早教中心。这对她来说是一个全新的领域，她走过了一段曲折的道路，但最后获得了成功。

3. 寻找和发现商机

对于创业很多人都处于茫然的状态，不知道自己该选择什么样的创业项目。有人说："我想创业，但不知选择什么项目，你们可以推荐一下吗？"这说明心中有理想，但不知脚下路在何方。这就需要你密切注意周围的一些商机，或者通过各种渠道寻找项目。

有一个下岗女工，一直没有找到合适的工作。有一次，一位朋友需要她早上叫醒一下，她照办了，没想到那位朋友经常让她这样做，最后干脆说："我每月付你五元钱，你负责每天叫醒我吧。"这五元钱给了她启发。她想，是否有很多人都有这样的需要呢？于是她开始发布广告，没想到很多人都愿意为这种服务支付费用，于是她开始注册公司，生意做得很红火。

还有一位下岗职工，下岗后开了一家摄影门市部，但因为竞争激烈，所以赢利不多。后来他发现有很多人要求把以前的旧照片通过艺术的方式处理一下，做成相册，但没有摄影部为他们这样做，

于是他开始开展这种将旧照片艺术加工的服务,从此生意开始好转。

当然,我们也可以通过社会关系、网络以及各种媒体来寻找和发现商业机会。我们应该相信,机会总是青睐那些有心和有准备的人。

4. 选择创业项目要有特色

选择的项目一定要有"根",就是项目生命的根,可以表示成四句话:"别人没有的","先人发现的","与人不同的","强人之处的"。

一个项目不论在哪个方面,只要高人一筹、优人一等就有成功的可能。比方说成本,沃尔玛能够把管理费用控制在销售额的2%。据说,他们总部的办公室像卡车终点站的司机的休息室,可见在成本控制方面其付出了巨大的努力。

5. 寻找代理方式和特许经营权

我们可以通过取得别人产品的代理权而提供服务,也可以加盟一些成熟的或自己感兴趣的项目并取得特许经营权。这样做有许多优势,首先你避免走许多弯路,可以在现成的基础和管理模式下开始创业;其次,有一个成熟的平台支持你,这在无形中壮大了你的实力。

有一个外语培训中心,在全国有300多家加盟中心,每个加盟者在加盟之前要交一笔不小的加盟费。他的创始人这样解释:"我们在最初的创业之时走过了一段很曲折的路,付出了很大的成本和努力,现在新进入者等于站在了巨人的肩膀上,拥有一个很好的平台。"

当然,创业项目选择的方式多种多样,无法穷尽,重要的是用心和努力。

创业前必须做好市场调研

大学生创业者在市场调研时往往浅尝辄止,只看到表象,因此,他们所做的市场调研很可能与真实的市场信息不一致,而市场调研本身就是一个去粗取精、去伪存真的过程。

广义的市场调查是以科学的方法和手段,收集、分析产品从生产到消费之间一切与产品销售有关的资料,如产品的生产、定价、包装、运输、批发、零售以及产品宣传情况、销售策略、渠道和市场开发情况等。广义的市场调查包括市场环境调查,消费需求调查,消费状态调查,产品、定价、销售渠道调查,广告效果调查,企业形象调查,消费者生活习惯调查,经济形势调查等。狭义的市场调查是指以科学的方法和手段收集消费者对产品的意见以及购买情况、使用情况和产品(或服务)销售情况等信息的工作。

我们说创业之前一定要搞好市场调查,主要是因为前期调查对于制订以后的创业计划有着至关重要的作用。来源于调查的一些数据和分析可以为创业者在进货控制、价格制订以及宣传策略等方面提供参考依据。有的创业者往往会根据朋友的介绍确定市场情况,有时这样得到的信息是不准确的。有条件的创业者当然可以直接请

一些提供市场调查服务的公司或机构来帮忙,而对于小本创业者来说,由于请这样的公司一般价格不菲,所以可以自己采取一些简单的方法进行调查。

1. 市场调查的内容

市场调查的主要内容包括以下几个方面。

一是市场需求调查。如果你要生产或经销某一种或某一系列产品,应对这一产品的市场需求量进行调查。也就是说,通过市场调查,对产品进行市场定位。比如,你经销某种家用电器,你应调查一下市场对这种家用电器的需求量,有无相同或相似的产品,市场占有率是多少。比如,你提供一项专业的家庭服务项目,你应调查一下居民对这种项目的了解和需求程度,需求量有多大,有无其他人或公司提供相同的服务项目,市场占有率是多少。

市场需求调查的另一重要内容是市场需求趋势调查。要了解市场对某种产品或服务项目的长期需求态势,了解该产品或服务项目是逐渐被人们认同和接受,需求前景广阔,还是逐渐被人们淘汰,需求萎缩。

二是顾客情况调查。这些顾客可以是你原有的客户,也可以是你潜在的顾客。顾客情况调查包括两个方面的内容:一是顾客需求调查。例如购买某种产品(或服务项目)的顾客大都是些什么人(或社会团体、企业),他们希望从中得到哪方面的满足和需求(如效用、心理满足、技术、价格、交货期、安全感等),那些产品(或服务项目）为什么能够较好地满足他们的需要等。二是顾客分类调查。重点了解顾客的数量、特点及分布，明确你的目标顾客群，掌握他们的详细资料。如果是某类企业或单位的话，应了解这些单位的基本状况，如进货渠道，采购管理模式，联系电话，办公地址，某项业务负责人具体情况和授权范围，对某种产品和服务项目的需求程度，购买习惯和特征。如果顾客是个人，应了解消费群体种类，即目标顾客的大致年龄范围，性别，消费特点，用钱标准，对某种产品或服务项目的需求程度，购买动机等。掌握这些信息，将为你有针对性地开展业务做准备。

三是竞争对手调查。在开放的市场经济条件下，做独家买卖太难了。在你开业前，也许已有人做相同或类似的业务，他们都是你现实的竞争对手。也许你开展的业务是全新的，有独到之处，在你刚开始经营的时候，没有现实的对手，但是一旦你生意兴隆，马上就会有许多人学习你的业务，竞相加入与你竞争的行列，他们就是你的潜在对手。只有知己知彼，才能百战不殆，了解竞争对手的情况，包括竞争对手的数量与规模，分布与构成，竞争对手的优缺点及营销策略，并做到心中有数，才能在激烈的市场竞争中占据有利位置，有的放矢地采取一些竞争策略，做到人无我有，人有我优，人优我更优。

四是市场销售策略调查。重点调查了解目前市场上经营某种产品或开展某种服务项目的促销手段、营销策略和销售方式主要有哪些，如销售渠道，销售环节，最短进货距离和最小批发环节，广告

宣传方式和重点，价格策略，促销手段等，调查一下这些经营策略是否有效，有哪些缺点，从而为你决定采取什么经营策略、经营手段提供依据。

2. 市场调查的方法

创业者如果已经为自己的筹备工作列出了一张清单，还不能认为它已经包括了待调查研究的全部问题。因为我们不可能在事前把不确定因素考虑周全，因而在对清单的条目进行调研的时候将会发现新问题，这些新问题就是对所列清单上问题的补充。

按调查范围不同，市场调查可分为市场普查、抽样调查和典型调查三种。

第一，市场普查，即对市场进行一次性全面调查。这种调查量大、面广、费用高、周期长、难度大，但调查结果全面、真实、可靠。

第二，抽样调查，即从全部调查对象中抽取一部分单位进行调查，并据此对全部调查对象进行评估和推断。比如你经销一种小学生用品，则完全可选择一两个学校的一两个班级的小学生进行调查，从而推断小学生群体对该种产品的市场需求情况。

第三，典型调查，即从调查对象的总体中挑选一些典型个体进行调查分析，据此推算出总体的一般情况。如对竞争对手的调查，你可以从众多的竞争对手中选出一两个典型代表，深入研究了解，剖析其内在运行机制和经营管理优点，价格水平和经营方式，而不必对所有的竞争对手都进行调查。

按调查方式不同，市场调查可分为访问法、观察法和试销或试营法。

第一，访问法，即事先拟订调查项目，通过面谈、信访、电话等方式向被调查者提出询问，以获取所需要的调查资料。这种调查简单易行，有时也不见得很正规，在与人聊天闲谈时，就可以把你的调查内容穿插进去，在不知不觉中进行市场调查。

第二，观察法，即调查人员亲临顾客购物现场，如商店或交易市场，直接观察和记录顾客的类别，购买动机和特点，消费方式和习惯，商家的价格与服务水平，经营策略和手段等，这样取得的第一手资料更真实可靠。

第三，试销或试营法，即对拿不准的业务，可以通过营业，或产品试销来了解顾客的反应和市场需求情况。

3.调查结果的分析及结论

市场调研是最终作出正确决策的重要前提。创业者不仅要了解目标顾客群的现实需求，适应市场推出产品，在创业获得初步成功后，还要进一步学会创造需求，创造市场。

围绕一个创业项目的各种疑问逐一调研之后，要对是否能进行这个项目的创业活动作出结论。这时必须注意，下结论之前不能对开业后的经营业绩估计过高，对可能出现的困难要进行充分的估计。只有这样，在遭遇挫折的时候能拿出更好的应对措施渡过难关。

总之，创业者对未来进行规划时，要对这个行业的市场容量、

潜在顾客群等相关现状以及未来发展趋势做充分了解。创业者在日后面对客户时，也必须让对方意识到，自己对这个行业、这片市场进行过细致入微的调研，否则很难得到客户的信任。

大学毕业生创业要从小做起

大学毕业生创业不能过于理想化，应当树立务实的创业观。在创业前，大学毕业生应该做出更为宽泛也更为实际的选择，丰富创业的内容。只有这样，创业之路才会越走越宽阔、越走越平坦。

小生意所具有的优点，往往是大生意无法比的。大学毕业生若想通过小生意赚钱，就必须利用好小生意所具有的优势。

一是便利取胜。随着现代社会的迅速发展和人们时间观念的日益增强，人们越来越喜欢能为自己提供诸多方便的事物。既能为人提供方便又受欢迎的小生意是很多的，如小食品店、小吃店等。小生意的方便突出地表现为时间方便和地点方便。在时间上或者是特定时间，或者是随时即可；在地点上是就近或顺路。你别小看时间和地点这两项优势，它们足可以使你经营的小生意兴旺发达。

二是自由灵活。与一些大商店相比，小生意没有那么多条条框框，也没有烦琐的手续。有时顾客买到不合适的商品还可以退换。顾客还能凭自己的眼力、技巧砍砍价。这些灵活多变的方式都是吸引和招揽顾客的好招数。你可能在什么都没损失且有赚头的情况下，使顾客高兴而来，满意而去。

三是觅空补缺。一般来说，我们可以专经营那些被大商场疏漏的项目或商品，这是小生意得以立足的根本。小生意这种见缝插针的做法，说白了是所谓的齐全，实际上是补大生意的缺。你可别小看这小小的补缺，它能给你带来可观的收入。

四是新颖获利。小生意虽小，可有时往往会引领潮流。正因为生意小，投入资金也少，你若对信息和流行趋势有较高预测力和敏感性，就能够利用时间差或地区差，适时地改变所经营的某些项目或商品，这样你会赚到更多的钱。

五是物美价廉。小生意限于资金不足，往往追求薄利多销，收费较合理适中。所以，经济实惠、物美价廉也就成为小生意较明显的特征和优势。你在经营小生意时，应利用这一优势，招揽顾客，不断提高资金周转率，赚取更多的收入。

我们说创业要从小生意做起，然而，经营小生意不等于没有远大的理想和伟大的目标。做好小生意，需要付出艰苦的努力，只要有吃苦耐劳的品质，生意就会越来越好，并最终取得成功。所谓"合抱之木，生于毫末"，"九层之台，起于累土"，"千里之行，始于足下"说的就是这个道理。

我们要认真做好小生意。做好小生意要遵循两个原则：一是薄利多销，先把量做起来；二是财富复制。

我们先来讲一讲薄利多销。

薄利多销是指低价低利扩大销售量的策略。"薄利多销"中的"薄利"就是降价，降价就能"多销"，"多销"就能增加总收益。

薄利多销的关键在于，当该商品的价格下降时，需求量（销售量）增加的幅度大于价格下降的幅度（最终总利润增加）。

现在，市场日趋完善，各种生意都有人做了，所以做小生意定高价赚高额利润的路子是行不通的。价格定高了，吓走人。看上去有很多的利润，没有卖出，利润体现不出来，等于零！

事实上，薄利多销的经商之道由来已久。"贵上极则反贱，贱下极则反贵"。司马迁说过，"贪买三元，廉买五元"，就是说贪图重利的商人只能获利30%，而薄利多销的商人却可获利50%。汉高祖刘邦的谋士张良，早年从师黄石公时，白天给人卖剪刀，晚上回来读书，后来他觉得读书时间不够用，就把剪刀分成上、中、下三等，上等的价钱不变，中等的在原价的基础上少一文钱，下等的少两文钱。结果，只用了半天的时间，卖出剪刀的数量比平日多了两倍，赚的钱比往日多了一倍。

我们再来谈一谈财富复制。

财富复制的案例，最著名的当属肯德基、麦当劳。如果你在城南开了一家餐饮店名曰"A"，生意火暴，那么你可以到城北开一家同样的名叫"A"的店，并参照城南的模式运营，这样很可能会成功。然后，如果你想再做大，可以把店复制到其他的城市，于是，店"A"在全国各地开业。由此，你的生意做大了。

总之，明智的创业者总是会从最容易的事情开始做起，以最简单的方法去做事，这可以减少风险，增加创业的成功率，可以降低不必要的成本，可以让自己的特长得到充分的发挥，使自己少走弯路。

创业要学会利用所有资源

在创业的进程中没有平坦的康庄大道，我们得经常披荆斩棘，才能逾越人生的各种鸿沟。我们得心中有信念，并学会利用一切资源去实现创业的梦想。

星期六上午，一个小男孩在他的玩具沙箱里玩耍。沙箱里有他的一些玩具小汽车、敞篷货车、塑料水桶和一把亮闪闪的塑料铲子。忽然，他在沙箱的中部发现了一块巨大的岩石。

小家伙开始挖掘岩石周围的沙子，企图把它从泥沙中弄出去。对于小男孩来说，岩石相当巨大。他无法把岩石向上滚动，使其翻过沙箱边墙。

小男孩又下定决心，手推、肩挤，左摇右晃，一次又一次地向岩石发起冲击，可是，每当他刚刚觉得取得了一些进展的时候，岩石便滑脱了，重新掉进了沙箱。

小男孩使出吃奶的力气猛推猛挤。但是，他得到的唯一回报便是岩石再次滚落回来，砸伤了他的手指。

最后，他伤心地哭了起来。这整个过程，男孩的父亲从起居室的窗户里看得一清二楚。当泪珠滚过孩子的脸庞时，父亲来到了他的跟前。

父亲温和而坚定地说："儿子，你为什么不用上所有的力量呢？"

垂头丧气的小男孩抽泣道："我已经用尽全力了，爸爸，我已经尽力了！我用尽了我所有的力量！"

"不对，儿子，"父亲亲切地纠正道，"你并没有用尽你所有的力量。你没有请求我的帮助。"

父亲弯下腰，抱起岩石，将岩石搬出了沙箱。

这个故事告诉我们，人各有短长，你解决不了的问题，对你的朋友或亲人而言或许根本就不算什么难事。记住，他们也是你的资源和力量。

创业者要开发新项目，发展新客户，必须要学会利用所拥有的资源来组织生产、从事经营，只有这样，才能最终赢得市场。

希望天下有志于创业的年轻人能利用一切可以利用的资源。虽然创业刚开始很艰苦，但是只要你有头脑和毅力，终究会获得成功的。

如何有效规避创业投资风险

如果你已经下定决心要自己创业，那么，你还要更加深入地考虑一些创业成本的问题，这其中需要重点考虑的是规避投资风险。

1. 创业之初，留出富余资金

希望目前你手头所拥有的资金量能够和你将要进行的项目相匹配，最好还能有部分富余资金。富余资金主要有两个用途：一个是安排自己和家人的生活。创业顾问建议，你至少要为自己和家人准备一年的"口粮钱"，就是你和你的家庭在未来一年中一切必需的开支，都最好计算在内。没有一个稳固的后方，创业是很难成功的。

另一个是用做后备资金。多数创业者在创业筹备阶段总是过于乐观，以为一切都能够按照自己的计划进行，但实际上能够完全按照计划稳步推进，在每一个预设阶段都能够达到目标的创业者少之又少，不准备相当的后备资金，你可能会陷入极其被动的状态。项目很好，人员也很努力，能力也足够，市场环境也很好，就是因为资金计划出了问题，关键时刻资金接济不上，不得不关门收山，这是相当可惜的。

在创业过程中，意外的因素会有很多。作为一个创业者，虽然很难知道什么时候会发生意外，但如果在资金上已经预先准备好了，到时候就可以从容应对，化解困难。倘若自有资金不够，事前也最好做好其他的资金安排，比如到必要时，应该找谁去融资，在哪里可以融到资，可以融到多少，心里都要有个数，这叫有备无患。在任何时候我们都应该争取掌握主动。

2. 花钱过程中要有成本意识

如果是一次要花出很多钱，一般的创业者都会有成本意识，但是在一些小的、零星的支出上，一些创业者就不会考虑成本了，或者说成本意识淡薄。比如你去租一个办公室，开始计划的是每月1000元，但当你看到一个办公室觉得非常符合心意，而对方要价每月1300元时，你就会觉得每个月多花300元是小事，然而窟窿就是这样变大的。一个地方一个月多花300元，看起来确实是件小事，但累加起来，就不是一个小数目。所谓千里之堤，溃于蚁穴，就是

这么来的。在办公室的租赁、办公设备的采购、人员雇用等方面，都容易发生这样的问题。

所以，创业者在成本上，最怕的不是没有规划，而是制定了规划却不执行。最容易使规划遭到破坏的，往往是这样一些"小地方"。

如何提升企业核心竞争力

企业核心竞争力就是企业长期形成的，蕴涵于企业内质中的，企业独具的，支撑企业过去、现在和未来竞争优势，并使企业在竞争环境中能够长时间取得主动的核心能力。

企业要求得生存，就必须具有能在竞争中取得比较优势的核心能力。对于初创企业，核心竞争力不是轻而易举就能形成的，有一个从量变到质变的过程。要培养企业的核心竞争力，就需要考虑如下几个方面。

1. 决策竞争力

这种竞争力是企业辨别发展陷阱和市场机会，对环境变化做出及时有效反应的能力。不具有这一竞争力，核心竞争力也就是空谈。决策频频失误的企业，肯定没有决策竞争力。

2. 组织竞争力

企业市场竞争最终得通过企业组织来实施。只有当保证企业组织目标的实现必须完成的事务有人做，并且知道做好的标准时，才能保证由决策竞争力所形成的优势体现出来。并且，企业决策力和执行力也必须以它为基础。没有强有力的组织明确而恰当地界定企业组织成员相互之间的关系，企业的决策力和执行力从何而来？

3. 员工竞争力

企业组织的大小事务必须有人来承担。只有当员工的能力充分强，做好工作的意愿充分高，并且具有耐心和牺牲精神时，才能保证事事都做到位。否则，企业的决策力和执行力也就成了无源之水。

4. 流程竞争力

流程直接制约着企业组织运行的效率和效益。企业组织各个机构和岗位角色做事方式，没有效率和效益，企业组织的运行也就不会有效率和效益。如果一个企业组织的做事方式没有效率，也就是企业组织运行没有效率和效益，这其实是企业没有执行力。

5. 文化竞争力

文化竞争力就是由共同的价值观念、共同的思维方式和共同的行事方式构成的一种整合力，它直接起着协调企业组织的运行，整合其内、外部资源的作用。

如果企业价值观念、思维方式和行事方式不统一，并且腐朽落后，那么决策就会频频失误，工作就会效率低下。

6. 品牌竞争力

品牌需要以质量为基础，但仅有质量也不能构成品牌。它是强势企业文化在社会公众心目中的体现。因而它也直接构成企业整合内、外部资源的一种能力。没有品牌竞争力，企业组织内部和外部都不认同企业的做事方式和行事结果，企业也就谈不上有什么竞争力，更谈不上有核心竞争力。品牌一旦形成，又直接是一种资源。因而它是构成企业的一个重要内容。

7. 渠道竞争力

企业要赢利、发展，就必须有充分多的客户接受其产品和服务。如果没有宽阔有效的渠道沟通企业与客户之间的关系，那么企业必然会惨败。因而，渠道直接是一种资源，渠道竞争力也就直接构成企业的一个内容。

8. 价格竞争力

在质量和品牌影响力同等的情况下，价格优势就是竞争力。很多没有价格优势的产品，最终都会被消费者淘汰。因而这一竞争力也就直接构成企业的一个内容。

9. 伙伴竞争力

要为客户提供全面超值的服务和价值满足，就必须建立广泛的战略联盟。如果一个企业失去了合作伙伴的支持，就无法适应客户价值满足集中化的要求，也就必然在残酷的市场竞争中处于不利地位。因而，它的增强是企业支持力和执行力的提升。

10. 创新竞争力

一招"先"，吃遍天，这是市场竞争的不二法门。要一招"先"就必须有不断的创新。谁能不断地创造出这一招"先"来，谁就能在市场竞争中立于不败之地。所以，它既是企业支持力的重要内容，又是企业核心况争力的重要内容。

这十大竞争力，作为一个整体，体现为企业的核心竞争力。从整合企业资源能力的角度进行分析，这十个方面的竞争力中的任何一个缺乏或者降低，都会直接导致企业核心竞争力的降低。但这十种竞争力又各自相对独立。

打仗要一个山头一个山头地攻，企业核心竞争力也要一个竞争力一个竞争力地打造。企业的核心竞争力从哪里来？或者说通过何种途径才能打造出来？只有一条途径，这就是全面实施企业管理规范化。十个竞争力都打造出来了，企业核心竞争力也就打造出来了。

增强对挫折的承受能力

人生在世，不可能事事如意，困难和挫折常常与我们不期而遇。作为正在创业的当代大学毕业生，如果没有足够的承受压力的能力，就会被搞得晕头转向、意志消沉，甚至悲观绝望。

有这样一则小故事：

一个小伙子大学毕业了，对未来充满希望的他被分配到一个海上油田钻井队。在海上工作的第一天，组长要求他在限定的时间内登上几十米高的钻井架，并把一个包装好的漂亮盒子送到最顶层的队长手里。小伙子高兴地拿着盒子快步登上高高的狭窄的梯子，把盒子交给队长。队长只在上面签下自己的名字，就让他送回去。他又快步跑下梯子，把盒子交给组长，组长也同样在上面签下自己的名字，让他再送给队长。

年轻人看了看组长，犹豫了一下，又转身登上梯子。当他第二次登上顶层把盒子交给队长时，浑身是汗、两腿发抖，队长却和上次一样，在盒子上签下名字，让他把盒子再送回去。他擦擦脸上的汗水，转身走下去，把盒子送下来，组长签完字，让他再送上去。

此时的他有些愤怒了。他看看组长平静的脸，又拿起盒子艰难地一个台阶一个台阶地往上爬。当他上到最顶层时，浑身上下都湿透了，他第三次把盒子递给队长。队长看着他，傲慢地说："把盒子打开。"他撕开外面的包装纸，打开盒子，里面是一罐奶粉。他愤怒地抬起头，看着队长。

队长又对他说："把奶粉冲上。"年轻人再也忍不住了，"叭"的一下把盒子扔在地上："我不干了！"说完，他看看地上的盒子，感到心里痛快了许多，刚才的愤怒全释放了出来。

这时，那位傲慢的队长站起身来，直视他说："刚才让你做的这些叫承受极限训练。因为我们在海上作业，随时会遇到危险，我们要求队员身上一定要有极强的承受能力,能承受各种危险的考验,才能完成海上作业任务。前面三次你都通过了,可惜只差最后一点点,你没有喝到自己冲的牛奶。"

这个年轻人没有经受住最艰难的考验,自然也没有收获意外的惊喜。其实,每个人都应该有意识地培养自己的承受能力,如此方能应对各种问题。

有一家中型超市,地段并不算很好,可是生意却做得有声有色。超市的经营特色之一,就是设置了让顾客尽情倾诉抱怨的柜台。在这里,人们经常可以看到这样的情形:

在超市受理顾客提出的抱怨的柜台前,许多女士排起了长龙,争着向柜台后的那位年轻女郎讲理,有的甚至讲出了很难听的话。柜台后的那位年轻女郎一一接待了这些充满愤怒和不满的顾客,但是没有表现出丝毫的嫌恶。她脸上带着微笑,告诉这些妇女们前往相应的部门。她态度温和,其良好的修养令人感到惊讶。

这些愤怒的妇女们来到年轻女郎面前时,个个像是咆哮怒吼的野狼,但当她们离开时,个个却像温顺可爱的绵羊。这位年轻女郎良好的修养和强大的承受能力已使她们对自己的行为感到惭愧。

每个人在生活中都会碰上令人愉快或令人痛苦的事,并因此而产生喜怒哀乐之情,得意时忘乎所以,悲伤时垂头丧气,而此时我们应要求自己学会培养承受能力,增强自控力。

在人生路上,遇到了失败,我们应该把它作为一个转折点,重新选择新的目标或探求新的方法。

第五章 摆脱创业道路上的尴尬

在遭遇挫折时，我们可以采取下面这些行之有效的方法。

一要改善情绪。人们情绪不佳时，对人生的态度往往较为消极，而一旦心境得到了改善，就会改变对整个人生的态度。

二要改变角度看问题。面对困境，如能把它视为成功之母，那么心中的阴影也就不那么重了。

三要有轻松的表情。悲观者的面部表情常常是呆板甚至是悲伤的，殊不知，面部肌肉总是在与大脑做交流。实际上，轻松的表情反过来会刺激我们的大脑以更积极、更愉快的方式进行思考。

四要学会幽默。悲观者往往不善幽默，所以可以多看看喜剧、小品，学会欣赏幽默，到自己也能时不时幽默一下时，消极的人生态度可能已出现了转变。

五要多与乐观者交往。这不仅是因为乐观情绪是可以"传染"的，而且因为乐观的人生态度也是会相互影响的。当悲观者与乐观者交往时，同样也是可以找到"共同语言"的。

我们每一个人都会遇到困难。困难就像人生的试金石，考验着我们的意志。面对困难，提高自己的心理承受力，增强抗压能力，是发展事业中必须做到的。因此，大学毕业生一定要有乐观向上的态度，要满怀无限的希望，因为这是精神力量的来源。

大学毕业生如何提升创业能力

创业固然能给每个有志向、有才华的人创造无限的机会，但并不是每个人都能获得成功。有人失败后总结经验教训，再度搏击并获得成功，有人却屡战屡败；有人在商海中一帆风顺，有人却处处碰壁……面对这样残酷的现实，你还想创业吗？如果答案是肯定的，那么，你想过没有，自己是否具备成功创业的能力呢？对于这个问题，很多人显得很茫然，不知道创业到底需要哪些能力，也从来没有深究过这个问题。

创业是一个由简入繁的复杂过程，需要创业者具有较高的智商和情商。具有创业能力是创业成功的必要条件，它往往影响着创业活动的效率。有成功人士通过总结自身创业经验，归纳出以下几个创业能力。

1. 有自信心

创业者的自信心来自于对风险的认识以及对自身创业能力的判断。在选择创业时，对创业过程中即将遇到的许多问题和困难，首先要估计一下自己的能力，想一想自己有无足够的能力去应付。没有信心就没有成功。只有具有百折不挠的精神，才能到达胜利的彼岸。真正的自信心来自于对自己能力的正确评价，而不是凭空的决心。

2. 足够的心理承受力

创业过程中没有坦途！创业过程中会有许多意想不到的困难发生。面对困难，若能保持冷静，不为困难状况而沮丧，消极逃避，则说明你的抗压能力强。

在创业的过程中我们难免会遇到这样或那样的苦恼、挫折、压力甚至失败。这就要求创业者必须具备承受挫折的心理素质,能够接受局部、暂时的损失,而获取全局、长期的收益。我们知道,创业挫折使人产生的精神压力不是突然而来、迅速而去。它往往会长时间伴随着创业者。你若能坦然面对这种境况,表明心理承受力较好。一旦这种精神压力超过你的心理承受极限,你不能承受了,创业也就随之成为泡影。

创业的过程就是不断克服困难的过程,因此,具有较好的心理承受能力至关重要。心理承受力强的人,在遭受创业的挫败后,会很快恢复信心,总结经验,自我反省,从头再来。很多成功者都是这样走过来的。反之,心理承受力不好的人一旦遭遇创业失败,便可能会一蹶不振,从此在创业之路上患得患失,最终与成功失之交臂。

3. 自我控制能力

创业是艰难的。在创业过程中,被人误解、遭到冷嘲热讽、受委屈,或与合作伙伴、供应商、顾客等产生矛盾、发生争吵在所难免。这就要求你对自己的情绪、思维活动和言行举止都要有良好的控制能力。一个心理比较健康的人,自控力相对比较强。然而,尽管这种能力有个体差异,你仍要刻意培养它。在创业过程中,良好的自我控制能力能为你营造愉悦的氛围,有助于创业活动的正常进行。

4. 专业技术能力

专业技术能力是指创业者掌握一定的专业技术知识，并运用这些知识去解决实践中遇到的专业技术难题的一种能力。

在科技发展日新月异的今天，一个人的专业技术知识至关重要。你只有掌握了相关专业技术知识，才能在面对各种复杂情况和意想不到的问题时应对自如。创业者应具备的专业能力主要体现在以下三方面：在创业过程中主要项目的必备从业能力；接受和理解与所经营项目方向有关的新技术的能力；把环保、能源、质量、安全、经济、劳动等方面的知识运用于本行业实际的能力。

对于创业中所需的专业知识和专业技巧，有许多需要你在实践中摸索，逐步提高、发展、完善。因此，你要重视积累专业技术方面的经验和职业技能的训练，要善于分析总结。只有这样，专业技术能力才会不断提高。

5. 创新能力

创新能力是创业能力素质的重要组成部分，也是当代创业者必须具备的能力之一。没有创新求异精神，企业就不会有个性，没有个性，企业在竞争激烈的市场中就很难走得更远。所以，作为一名创业者，你一定要有远见卓识、超前意识，不断开拓新局面，创出新路子，从而使自己的事业充满活力。

6. 应变能力

当今市场变幻莫测，创业者作为企业的掌舵人，要想在竞争激烈的市场中立足并发展，就必须具有适应变化、利用变化、驾驭变化的应变能力。应变能力是一种根据不断发展变化的主客观条件，随时调整行为的能力，是复杂的现代创业活动对创业者提出的一个基本要求，也是确保创业活动获得圆满成功的一个先决条件。具有应变能力的创业者，不因循守旧，不墨守成规，能够从"平静"的表面中发现新情况、新问题、新机遇。

7. 决策能力

决策能力是创业者根据主客观条件，因地制宜，正确地确定创业的发展方向、目标、战略以及具体实施方案的能力。决策是一个人综合能力的表现。一个创业者首先要成为一个决策者，而正确的决策来自于正确的分析与判断。分析是判断的前提，判断是分析的目的。良好的决策能力是良好的分析能力和果断的判断能力的总和。

8. 交往协调能力

俗话说得好："一个好汉三个帮。"创业者要想成功创业，需要具备良好的交往协调能力。交往协调能力主要是指妥善处理与上下级之间、与同级之间及与客户之间人际关系的能力。工作中我们需要同各种各样的人交往，而这些人的身份、地位、交往需求、心理状况和所掌管工作的性质是各不相同的。你能否与其友好相处，使大家劲往一处使，直接关系到创业活动的成败。事实证明，那些具有良好交往协调能力的人很容易脱颖而出。

如果你缺乏交往协调能力，可以从三方面有意识地培养：

一是要敢于与不熟悉的人打交道，敢于冒险和接受挑战，敢于承担责任和压力，对自己的决定和想法要充满信心、充满希望。

二是善于应酬。有人说，应酬的最高境界是在毫无强迫的气氛里，把诚意传达给别人，使别人产生共识，自愿接受你的观点。

三是养成观察与思考的习惯。要注意观察那些交际能力强的人如何与别人交往，学习他们的交际技巧，并积极思考，这样有助于提高交往能力。

9. 统率能力

创业者如同战场上的指挥官，需要有感召力和决策力，需要有统揽全局的能力，这是创业成功的必备条件之一。统率能力主要表现在用人授权和遥控指挥两个方面。

一是合理用人，使"人尽其才，才尽其用"，并善于将各类人才"撒"出去，放手让他们去工作。一个成功的创业者，肯定是一位知人善任的企业家，他不但能对雇员进行选择、使用和优化组合，而且能运用群体目标建立群体规范和价值观，形成群体的内聚力。

二是在放权的同时，要能够采取有效的控制手段，对人才的行为方式和行为效果实行有效的监督。

如果你能够做到上述两方面，那就足以表明你已具备驾驭全局

的统率能力。

10. 自我评估能力

"创业"是一个充满成就感和诱惑力的词语，但并非每一个人都适合走这条路。"人贵有自知之明"，只有知己知彼，才能百战不殆。而这种"自知"对一个人的心理支配及行为表现，对创业活动中的协调以及社会生活中的人际关系都有较大影响。因此，从创业伊始，你就需要对自己进行评估。

总而言之，创业不易，成事更难。创业者必须要有相当的能力，而且只有你自己才能决定怎么做最恰当。另外，既然选择了创业，那么你就要抱着"做最坏的打算，朝最好的结果努力"的信念坚定地走下去。"做最坏的打算"虽然令人不快，但却是你创业之初必须考虑清楚的。记住：谋事在人，成事更在人！

第六章 避开择业过程中的陷阱

在就业形势越来越严峻的今天，有一些人利用大学毕业生急于找工作、社会经验少等特点，设下各种择业"陷阱"蒙骗大学毕业生。本章介绍了几类最常见的问题，希望大学毕业生在求职时多加防范，注意保护自身安全。

不要听信虚假广告的"美丽"谎言

刚刚走出校门、踏上社会的大学毕业生，在求职就业时面对招聘广告，往往会迷失自我。而某些企业和单位正是利用大学毕业生没有社会经验，而在招聘广告上设置陷阱，损害求职者的合法权益。

虚饰岗位是求职者遭遇的虚假广告中的一种，即用好听的新名词、新概念包装岗位，将其吹得天花乱坠，实际上就是让你去推销产品、做秘书等。除了这种骗人的手法外，还有高薪诱惑陷阱。允诺付给你高出期望的薪酬，等到你上岗后做起来，才发现那高薪只是空中楼阁，因为你的业绩根本达不到他规定的高薪起点。

某高校文理学院2010级毕业生小薛，在浏览网上招聘信息时相中一家计算机公司。这家公司所列的招聘职位有：销售策划、业务企划、产品推广、软件开发、市场调研等。小薛学的是文科专业，

觉得这些职位都比较适合自己，于是跟对方电话联系，对方要他过去面试。

一周后，小薛接到那家公司的电话通知，他们对小薛说："你被录用了，下周可以来上班"。小薛到公司后，得知自己被安排做销售策划。部门主任说新员工上岗前先实习三个月，让小薛拜访这家公司的部分客户，推销公司新推出的一种软件。实习期间，小薛卖出了20多套软件，销售额达两万多元。实习期满后，小薛一心指望到办公室做正式的销售策划。可是部门主任告诉他，公司不会让一个刚实习完的职工马上做销售策划的，所有人必须先做几年市场销售之后才能做销售策划，做市场销售时工资底薪为800元，其他部分就只有销售提成了，这是公司的规定。

至此，小薛才明白，他干的这个工作实际上就是推销新产品，工作不稳定不说，工资待遇根本没有保证。至于当销售策划，更是没谱儿的事。当初他想，虽然这家公司允诺的薪酬不是很高，但能做办公室工作，会比较稳定，现在看来完全不符合他的最初的愿望，于是他愤然离开了这家公司。这次求职的阴影在好长一段时间内一直无法抹去，搞得他心情异常糟糕。

像小薛这样的例子还有很多。

某染料公司以"待遇从优"等条件在人才招聘会上招聘了49名大学毕业生。可是，等待这些大学毕业生的却是每天12小时以上在高污染、高粉尘、高腐蚀的环境下从事强体力劳动，而且没有劳保和科学的防护措施，身体健康受到严重威胁。

专家分析，信息不对称是毕业生求职上当受骗的主要原因。大学毕业生求职要克服急于求成的焦躁情绪，最好选择由学校、当地政府部门举办的专场招聘会，因为学校和政府部门可以帮助毕业生把好第一道关，例如企业的诚信度等。大学毕业生在具体应聘某个企业或单位时，不要只听信用人单位的广告宣传，要通过政府网站、行业网站和校园网站等多种渠道，了解用人单位的情况，对用人单位的录用程序、标准，以及薪酬、福利待遇等最好能有详细的了解。

总之，现在的虚假招聘广告比比皆是，大学毕业生在择业过程中一定要提高自己鉴别、防范和抵制虚假广告的能力和水平，不要被虚假广告的花言巧语引诱。对于选择和确定职业这样一件人生大事，大学毕业生应当慎之又慎，不能仅凭用人单位的一面之词就与之签合同。毕业生对用人单位的运行情况、拟安排的岗位、工作条件、用工制度等各项内容待遇都要详细了解，做到心中有数，以免日后产生不愉快或纠纷。

小心"黑中介"和"二传手"

对很多大学毕业生来说，毕业时，除了忙活论文答辩，最为重要的一件事就是四处奔波找工作了。大学毕业生们期待找到好工作没有错，但是在求职的时候，首先要站稳脚跟，想好努力方向，切勿病急乱投医，自乱方寸，到头来吃亏上当不说，还白白浪费了宝贵的时间和精力，这就得不偿失了。

求职方式有很多，比如通过一些人才招聘网站投递求职简历，通过职业中介来求职，或者直接上门求职，或者通过招聘会求职。这些求职方式中有的主动性强些，有的略显被动，大学毕业生可以充分利用各种渠道，为自己赢得更多机会。这里需要提醒毕业生的是，一定要小心"黑中介"和"二传手"的骗人勾当。

中介介绍工作都是要收费的，这个很正常，毕竟天下没有免费的午餐。正规合法的职业中介可以提供一些不错的工作，但是现在人力资源市场鱼龙混杂，有很多不良的中介，也就是我们经常说的"黑中介"。这些"黑中介"经常变换各种手段欺骗求职者，需要注意防范。

小李是某理工大学的毕业生，一个月前，在一家兼职介绍所办了会员，但是这两天他打公司电话却一直无人接听，公司大门也紧闭着。有人告诉他公司老板卷款跑了，小李愤愤地来到这家介绍所门前使劲敲门，但是一直无人应答。很明显小李遇到了"黑中介"。

一般来说，"黑中介"的行为特点是：第一，一般隐藏在不为人注意的地方办公。第二，通过"业务员"出门走动，寻找"猎物"，以免费介绍工作为名，把求职者带到他们的办公地点。这点要注意，切勿跟随他前往指定地点。第三，在没有办理合法正规的手续前，要求职者先交费，这个是很重要的判断依据，很多"黑中介"都是保证得很好，等求职者交上费用后，便随便给个企业地址，让求职者自己去应聘。第四，正规用人单位通常只招几名员工，"黑中介"却介绍几十名甚至上百名求职者去面试，即使单位很近，也要求支付来回车费。第五，先向求职者收取数百元报名费和中介费，如果求职者面试没通过，报名费自然进入中介的腰包。第六，介绍时宣称有较好的工作岗位，但实际上岗后工资福利都和承诺的相去甚远等。

大学毕业生们要留意了，凡是把工作描述得很好的，接着催你交费的，一定要仔细斟酌，切勿求职心切，疏于防范，失财又失策。专家提醒，大学毕业生一定要到公共就业服务机构或正规职业介绍机构找工作，要谨防"黑中介"。

除了避开"黑中介"设下的求职陷阱，防止被"二传手"忽悠也是大学毕业生应该注意的。

小张是某大学生物系学生，即将毕业，现在正在一家企业实习。一天，他收到一封信，拆开一看，原来是一则招聘启事。在信中，招聘缘由（某高校扩招）、招聘对象（生物系学生尤其是学植物学的学生）、应聘条件、招聘程序（交验材料、面试、试讲）、聘后待遇、招聘名额（只限15名）、截止时间、联系人（李女士）、联系电话等一应俱全。

小张是个细心的人，看了信中内容后顿生疑虑。他仔细分析后发现，这封信破绽百出。其一，招聘程序规定："应聘者应交验毕业证、档案材料等"，实际上大学生现在虽然可以去找工作，但毕竟尚未毕业，哪儿有毕业证？其二，即使因扩招急需，一所高校也不会从另一所高校同一专业招收15名毕业生啊？这不合常理。其三，如果此招聘光明正大，堂堂正正，为什么联系人不写真实姓名，而只

写"李女士"呢？其四，用人单位为省外某高校，而招聘启事来自省内××县（信封上寄信人地址仅有"××"县名二字），联系电话也是缀有该县区号的电话。为什么该高校不亲自招聘而要多费周折由省内某县的"李女士"当"二传手"呢？因此，小张怀疑此招聘启事有诈。

小张好不容易联系到的"李女士"，其实是一名男士，声称"你们生物系的毕业生较难找工作，我与省外多所高校有联系，可推荐就业"。可是，当小张问"那我们怎么谢你"的时候，对方答道"介绍一个学生先交3000元吧"。

至此，"李女士"的真实意图不言自明。

高校毕业生在择业过程中遇到"二传手"（即用人单位和毕业生之间的中介机构或中间人）时，一定要多加注意，避免上当受骗。

总之，找工作的方式有很多，除了专业的职业介绍外，招聘会是工作机会较为集中的场所，也是和企业进行面对面交流的很好的机会。在每年毕业初期前后两三个月是招聘会较为集中的时期，毕业生可以充分把握这些与企业交流的机会，多去招聘会看看。大学毕业生刚毕业时，很多都缺乏应有的社会经验，容易在焦虑中乱了方寸，上"黑中介"的当，或者被"二传手"忽悠，病急乱投医。只要我们记住一条：天上不会掉馅饼，遇到诱人的职业介绍，要三思而后行，可以大大减少上当受骗的概率。

小心不明不白就被骗取劳动成果

近年来,在一些专业技术和创意领域,出现了一种新的"智力陷阱"。"智力陷阱"是指以招聘为名无偿占有应聘者程序设计、广告设计、策划方案、文章翻译等创意,甚至知识产权。极少数单位以招聘为名,在收集求职者资料和组织面试的过程中,要求求职者提供成果展示,并以此窃取求职者的劳动成果。

某公司市场部经理李女士表示,她在所在的行业领域工作已近八年,由于工作环境不如意等诸多原因,准备跳槽,到同行业某公司应聘市场总监岗位,薪酬为每月1.3万元。在招聘过程中,流程非常严格,初试合格后,进入笔试阶段,其内容是要求她为该公司即将推广的产品写一个详细的市场推广宣传方案,并制作成PPT(一种演示文稿图形程序)。而笔试结束后,李女士则再也没有接到消息。结果该企业在后来的市场推广中却使用了李女士的方案。

林先生是一个刚毕业的大学生,自学成才,成为一个手机铃声制作人。毕业前他曾在一家公司实习过,同事们都认为他天资聪颖,在手机铃声制作方面是个高手。他对自己的未来也充满了信心。毕业以后,他到南方打工,在面试了几次之后,找到了一个工资和福利都不错的公司,但这家公司要求林先生在正式上班之前,做一套他们指定的铃声作为最后考核。一套铃声九个格式,林先生在一天内就完成了,他很有把握地发了过去,但那家公司却以林先生做的

铃声不能令他们满意为由，拒绝了林先生。

后来，林先生进了另外一家做手机铃声业务的公司，工作了一段时间之后，才知道有的做手机铃声的公司，用招聘的方法来骗取一些作品——那些应聘者为了能进入公司，个个竭尽全力地完成作品。由于应聘者得到的测试曲目都是各不相同的，所以一次下来，能顶公司员工一周的工作量，而且应聘者的用心程度比在职员工要强好多倍。

除了骗取应聘者做的手机铃声外，有的公司骗取应聘者设计的图样、商标等。还有的骗子在承包某项工程后，再以招工为名骗打工者去工地干活，却不签订劳动合同。等到完工时，骗子早已提着承包款走了，打工者一分钱也得不到，甚至连骗子是谁也不清楚。这类骗子公司白白占用我们的智力和劳动成果的行为，是十分可恶的。

类似"智力陷阱"，也就是劳动成果被招聘方以招聘为由而窃取的情况时有发生。因此，求职者尤其是大学毕业生在不能判断招聘单位真实意图，又想取得工作的情况下，需要对自己的劳动成果进行保护。在提交策划案等劳动成果时要准备两份，一份提交，一份自己留存，在留存份上要求招聘单位签字确认，以便将来能够证明劳动成果内容。此外，在提交策划案时附上"版权声明"，并要求招聘单位签收。

切勿忽视对用人单位的考察

俗话说"水往低处流,人往高处走",经过了"十年寒窗"苦读的大学毕业生,都希望能够找到理想的工作,这是情理之中的事。然而,近年来,由于大学毕业生人数增加、一些用人单位人才相对饱和等,大学毕业生的就业压力越来越大,甚至出现待业的情况。上述情况的出现,使一些大学毕业生产生急躁情绪,这是可以理解的。但是,毕业生在择业时,切莫因求职心切而忽视或放松甚至放弃了对用人单位的考察。

某高校的外地学生小G一心想到北京工作。于是,他在参加一个人才交流会时,仅凭看企业的招聘广告、听负责人的介绍便与北京某建筑公司签了合同。不料到单位后发现,提供给他的一间不大的房间要挤住七个人。

小G找公司老板理论,老板说:"我们单位的住房条件确实差了点。可是,当初你也没有对住房条件提出什么要求嘛。"小G哑口无言,愤然离去。

试想,如果小G能在签约前对该公司职工的住房情况有所了解,就可以在签约时提出自己的要求,或另作选择,而不至于出现如此被动的局面。

每个即将走进职场的大学毕业生,都不该忽视对用人单位的考察。那么,大学毕业生应从哪些方面考察用人单位呢?

1. 考察用人单位的经营资质

仔细考察用人单位的资质，是避免上当受骗的前提条件。一般情况下，用人单位会将营业执照、各类资质证明、所获奖项等挂在接待处的醒目位置。求职者通过浏览这些内容，可以对用人单位的资质与历史有一个大致的了解。同时这些内容也可成为面试时候的沟通素材。

2. 考察用人单位的员工风貌

进入用人单位的工作区后，求职者会看到员工的工作状态。通过观察这些员工的衣着、行为、彼此的谈话内容等，会发现工作的紧张程度、员工的职业程度、工作的氛围以及员工的一些基本素质。这些表现从侧面反映了这个单位的管理状态。

3. 考察用人单位的环境细节

环境的整洁程度，反映了用人单位行政管理水平与现场管理的规范程度；环境布置的特色，反映了管理中人性化的特色和领导的喜好。

总之，可以通过以上几个方面来认真考察用人单位，提防用人单位的各种"空城计"，一定要在与用人单位接触时，设法了解其真实招聘情况，以免无谓浪费时间，错失宝贵的就业机会。只有这样，才能避免上当受骗。

当心大街上的求职陷阱

大学毕业生在求职时,一定要选择正规的招聘单位和场所,千万不要轻信大街上的招聘广告。下列几条大街上张贴的招聘广告值得注意。

1. 外汇或金融投资工作

一些不良的外汇公司或金融投资公司往往会以薪资丰厚,有底薪以及提供免费培训等各种优厚的聘用条件为名,刊登广告招聘不同的全职或兼职岗位的从业人员,如电话联络员、文员和初级秘书等,吸引求职者的注意力。可是,等到求职者面试的时候,招聘者却声称该职位名额已录满,继续极力游说其转职为投资经纪人或市场营业员。有些求职者禁不住利诱转而投入外汇炒卖之中,最后,由于缺乏有关专业知识及经验,把自己及亲友的积蓄白白赔了进去。更有甚者,当他们找不到客户,因为再没有利用价值而遭到公司解雇的时候,才发觉求职时仓促签订的合约,原来只是注明与公司之间仅存在着代理人关系而非雇员关系。通常情况下,代理人只有在找到客户时才会获得佣金,而当初公司口头承诺的底薪亦无从追讨。

在面试时,你若发觉招聘的职位与招聘广告中所示的不符,必须提高警觉,勿贸然答应转职,要先弄清楚聘用的条件,尤其是双方是否存有雇佣关系。签署任何文件前,应仔细阅读各项条文的内

容,如发觉不合理或有隐晦难懂的地方,要及时与家人或老师商量,不要误以为可以随意毁约,或可以比较容易免去法律责任而轻率地签约。

2. 娱乐广告公司的工作

一些不法之徒谎称与一些知名度高的艺人以及电视台、电影公司或唱片公司有联系,可代为安排工作,诱使你缴付巨额资金参加其所提供的训练课程。

通常,被骗者在付款后,往往没有获得任何工作或进一步的消息,或只获得性质及薪酬跟当初承诺的不符的工作,且无法要回已付的款项。正规娱乐单位也会通过所谓星探发掘有潜质的演员或模特儿,并邀请其试镜以决定是否录用,甚至还会支付酬金给试镜者。

对此,我们要做到:先了解该公司的背景;试镜时由家长或朋友陪同为佳;试镜前切记问明白是否会收取费用,如果收费太高,你就要慎重考虑,更应向家长征询意见,勿慷慨交付大笔订金、试镜费、试音费或训练费等。

3. 推销行业的工作

一些不法之徒也许会游说求职者支付大笔资金去学习推销术以及买入货物做推销之用。其常用的手法往往是层压式推销术,以高职与薪金丰厚诱使求职者付出巨额资金购买一批货品或货品的代理权。求职者没有底薪,一方面靠销售货物赚取佣金,另一方面则通过招纳新的从业人员，从其售出商品中获取佣金。不少求职者往往禁不住诱惑并怀有以小博大的侥幸心理，以致踏入陷阱仍不曾察觉，最终蒙受金钱上的损失。

因此，如果你想要从事推销之类的工作，必须事先了解公司的结构以及商品的售价是否物有所值，再决定是不是应该接受该项工作。

虽然职场中布满陷阱，但也不用过分担心，只要我们并非心存贪念或急功近利，在遇到疑难问题时，及时向长辈或老师请教，便可减少受骗的机会。倘若不幸受骗，亦应立即报警，把不法之徒绳之以法。

警惕潜入高校的虚假招聘

每到高校毕业生找工作的高峰期，学校都会举办各类招聘会。但是，不少进校的招聘企业都存在虚假招聘现象，主要有三种情况，即虚报招聘人数，借招聘之名进行"作秀"宣传，以"实习"之名找人免费工作。

1. 虚报招聘人数

某高校就业指导中心主任曾表示说，虚报招聘人数是目前高校招聘会中比较普遍的情况，通常某招聘单位明明只招聘一两个学生，却故意在招聘材料中说要招8到10个人，甚至更多人。

还有一种情况，一家单位打算只在全市高校中招十几个人，算

下来可能在某个高校只要几个人,可是该单位制作招聘广告和招聘材料时,只是笼统地写要招的总数,并且拿同样的资料到不同的高校"游历"一圈,让应聘者产生误解,以为该单位今年纳才心切,"胃口"颇大。

有业内人士分析,招聘单位虚报人数主要是为了"圈"更多好学生。如果说明了只招一个人,许多学生就不敢来投简历了。事实上,在信息不对称的情况下,学生很容易被招聘企业误导,以致对招聘企业的真实需求和就业竞争形势作出误判,这在无形中加大了学生个人的求职难度和求职成本。

2. 借招聘之名进行"作秀"宣传

许多企业在招聘会上挂出巨幅宣传画,并将展位布置得极其鲜亮夺目,当求职者进行职位询问时,招聘者则对企业文化侃侃而谈数十分钟,末了再赠送一本精美的宣传画册,但对招聘职位及相关信息的介绍却很少。这让人不禁怀疑,其是否真的在进行招聘?

某企业到某大学开招聘宣讲会,又是贴海报,又是挂横幅,而且进场同学还能收到各种小礼品,可谓大张旗鼓。该校就业指导中心老师事后了解到,事实上该公司并不打算在学校里招多少人,纯粹就是为了推广企业而来。

对于商业推广活动,高校一般都是很慎重的,不过企业要进校来开招聘宣讲会,高校普遍欢迎。一些企业就瞄准了这个机会,名正言顺地进校设摊。

因此，求职者在面谈时若发觉企业有做广告之嫌，应及时抽身，不要浪费时间去等待这类企业的录用通知。

3. 以"实习"之名找人免费工作

借招聘之名行广告之实，是挂羊头卖狗肉，很多高校会采取措施防止此类现象发生。但对那些"象征性招聘"的企业则很难用一刀切的办法来应对了。

有些企业把毕业生当做免费劳动力，在招聘会上以"实习"为名，招进一批毕业生到本单位工作，几个月后又找个借口把他们退回学校。一些学生曾表示，由于"实习机会"涉及个人就业，所以大家都很拼命，可就是这样还被这些"不良"企业蓄意"退掉"，浪费时间、精力不说，对自己的精神打击也很大。

某大学老师透露，每年都有这样的企业占学生的便宜，通常是一些展会公司、季节性比较强的单位，他们需要人的时候，就来学校招一些毕业生，往往"借用"几个月，最后一个都没录用。一位负责就业指导的老师无奈地表示，学校有时很难遴选哪些企业是真的要人，哪些是找"免费劳动力"。

对于以上三种严重的虚假招聘现象，大学毕业生一旦发现自己受骗，应该及时上报有关部门，以便得到妥善处理。

警惕"亲密"的社会关系

不可否认,有时社会关系,如亲戚、朋友、同乡、同学等,在毕业生就业中起着重要作用,在提供就业信息、疏通就业渠道等方面发挥着不可替代的作用。但是,有的大学毕业生社会经验不足,盲目轻信一些居心叵测的所谓的同乡、朋友等,结果受骗上当。

有一个来自农村的毕业生小E,一心想留在省城工作,但因自己专业的限制,就业范围较窄,很难如愿,于是,他就到处托关系,以求找个好工作。

就在这时,小E恰好碰到一个在省政府工作的同乡,这个同乡向小E出示了好几张蓝色的小卡片,说是这些公司给他办理的"介绍卡",用于给这些公司介绍求职者入职。卡片上面有简单手写着的应聘工种,如"送货员,待遇每个月850元","库管员,待遇每个月1200元","建筑工,待遇每个月1500元"等,每张卡上都没有公章。这位同乡还对小E许诺一定可以留在省城,并争取一个好单位。另外,同乡让小E给他拿2000元活动经费。

第二天中午,同乡极热情地向小E介绍了一家外贸公司,并带着他来到这家公司。但该公司要求,每个到本公司的人都要交各种名目的费用,如"员工证60元,求职证135元,服装费200元,上岗保证金300元"。

因为是同乡介绍的,小E也没多想,就向家里打电话要钱,让家里把钱给他快些汇过来。家里的钱汇过来后,小E先给了同乡

2000元活动经费，接着又把外贸公司的各种费用都交上去。没想到的是，当他把父母省吃俭用的所有积蓄都这样花光后，那位同乡竟然不见了。

时间就这样一天一天地过去，就业机会也一个一个错过，小E还是没有怀疑同乡"热心"帮助的动机。

后来，小E终于明白了，同乡的"热心"帮助只不过是与别人合伙设下的一个骗钱的局罢了，那个"省城的好单位"根本就是子虚乌有！这时，无论他多么悔恨，都为时已晚了。

刚毕业的大学生求职心切非常正常，可以理解，但大学毕业生朋友要切记，求职归根结底还是要靠自己，不要把自己的命运寄托在别人身上，尤其是那些刚刚认识并不十分了解底细的人。

2011年，在某浴场打工的大学生小N即将毕业，她想找一家好医院上班。由于她在本地举目无亲，所以终日苦恼。这时在一旁的服务生刘某听说后，便主动提出帮忙。殊不知，刘某的热心肠其实是别有用心。原来，刘某自从来这里打工后，在浴场见有钱人挥金如土，非常羡慕，可惜自己没什么能耐，口袋空空。见小N急于找工作，于是动起邪念。

刘某自称有个姐姐和某大医院院长交情甚厚，可以帮忙介绍进入该医院工作，但前提是需要花钱疏通关系。为了让小N相信，他当着小N的面假装给姐姐电话（实际并没打）联系此事。急于找工作的小N信以为真，忙问要花多少钱，刘某提出要2万元钱。4月中旬，小N给了刘某1.2万元钱。

过了一个星期，小N询问事情进展，刘某骗她说："非常可惜，医院的招聘期已错过，肯定进不去了，不过我姐姐可以帮你介绍到银行工作。"小N认为去银行工作也不错，说："能不能介绍到××银行做临时工？"

过了几天，小N打电话问事情结果。刘某又哄她说："你一个科班大学生，要找就找一份正式工作，我姐姐正在托人去××银行做正式工，可以顺便帮你一起办了。"但小N担心自己学医科，到银行工作跨专业可能不行。见其犹豫不决，刘某忙说可以帮她办理一张假毕业证，并煞有介事地向其索要身份证复印件和照片。

到5月初，小N见工作还没有着落，非常着急，催问事情进展。刘某搪塞说还没有办好，顺便又索要活动费5000元。不明就里的小N又往刘某信用卡中打了5000元。当天下午，刘某就把钱取走挥霍。

接下来，刘某多次以请人吃饭、送礼、办证件为理由，陆续向小N要钱，共骗得人民币3.4万元。为了让小N信以为真，他故意摆谱。有一次，刘某将会面地点设在希尔顿大酒店大厅，告诉小N自己前天晚上就在该酒店过夜。

时间一久，见小N催得紧，骗局即将被发现，他干脆手机关机，人间蒸发了。这时小N才发现自己受骗了，连忙报案。

大学毕业生在择业过程中，其个人的家庭关系、亲戚朋友、同学师长等人脉资源，都能为其就业提供相关信息和推荐机会，应该积极发动起来。但在这里必须提醒的是：那些急于求职的大学毕业生们，千万要擦亮双眼不能上了骗子的当！

坚决抵制招聘乱收费

用人单位在与劳动者签订劳动合同时，不得以任何名义向劳动者收取定金、保证金或抵押金。但事实上，现在有许多单位以风险金、培训费等名义变相收取求职者的抵押金。有的甚至以某企业、某公司的名义搞假招工，非法收取报名费、培训费和押金，不出数月，再以培训或试用不合格为由将其辞退。下面这个故事讲的就是这种招聘乱收费的现象。

2010年年底，大学毕业生小周应聘到市内一家企业工作。这家企业规模虽不大，但看上去比较正规。小周的所有手续都办得很顺利，对自己的岗位也算满意。但是经理告诉她，因为她没有工作经验，所以上岗前要参加一个月的培训，交培训费800元，培训结束考核合格后将培训费退还给她。小周看经理非常认真，心想：这家企业用人还挺严格的，于是不假思索地交了钱。

但是一个月培训结束后，公司人事部门却通知她，说她没有通过考核，没被录用。

小周一听气坏了，找经理理论，经理却避而不见，于是她就找业务主管。业务主管指着培训条款说："你看这里说得明明白白，考核合格才退费，你考核不合格，我们在你身上花了这么大的人力物力，难道白费了不成？"

小周据理力争说："你不退费就是诈骗，我要到市劳动局告你们！"

最后,那位经理怕事情闹大,这才把钱退给了小周。

我们国家劳动和人事等有关部门早就明文规定,用人单位不得以任何名义向应聘者收取报名费、抵押金或保证金等费用,对于员工的培训费用,应当从企业成本中支出。有些企业置国家规定于不顾,巧立名目向应聘者收取费用,就是利用了许多毕业生不了解国家这些规定的弱点。求职者糊里糊涂地交了钱,当发觉是骗局时,好多人又不敢抗争,只能自认倒霉。

因此,大学毕业生在求职前,要了解国家的有关法律条文,如《中华人民共和国劳动法》以及劳动人事部门关于劳动招聘、人才市场及劳动争议等条例规定和地方政府相关的规章制度,明白供职单位哪些做法合法合理,哪些做法不合法不合理。当遇到各种名目的收费时,要坚决抵制,不要受其职位、薪金的诱惑,不管这个企业的许诺多么诱人,也不要相信。

慎重签订劳动合同

很多大学毕业生经过努力都落实了自己的工作或是与用人单位确定了就业意向。对于初涉职场的大学毕业生朋友来说,就业之前还有一个关键的环节马虎不得,那就是与用人单位签订劳动合同,如果当时马虎大意,就有可能给今后的发展造成障碍。

由于用人单位在劳动合同关系中处于强势地位,在签订劳动合同的过程中,有些单位会利用这种优势,制定一些不公平的格式条款,如规定不合理的服务年限、苛刻的劳动纪律以及劳动者解除合同时的惩罚性补偿措施等，强迫劳动者接受。

张平是计算机专业硕士生，在学校期间通过了微软的软件工程师认证，另外还通过了国家计算机软件考试，获得系统分析师证书。张平的专业优势及手里的几张王牌证书，使他在与一家外资公司洽谈时，很顺利地进行到签订合同的阶段。在签订合同前，张平仔细阅读了合同文本。人事经理说文本是通用的，每个新来者都签这个文本。当张平看完所有条款后，发现"三险一金"（养老保险、失业保险、医疗保险和住房公积金）没有提及。人事经理解释说，该公司是著名公司，被录用人员都是行业的佼佼者，根本不存在失业问题，论薪酬我们是同行业中最高的，你只要在这里干上三五年以后，所得报酬养老绝对没问题，至于医疗，到时到公司报销即可，房子嘛，保你三年后买得上房子。张平一听，觉得有道理，于是就在合同上签了字。

天有不测风云。张平在这家公司干到第三年时，突然患了重病。由于公司没有给他上医疗保险，他拿着医药费用单据去找公司经理，希望公司能给报销，哪怕报销一定比例也行。可是公司的答复是，公司没有这个先例，医疗费用不能在公司报销。这时，张平才想起当初签合同的情形，他万分后悔当时没有坚持自己的主张。

大学毕业生在求职时应该明白，口头承诺很多是无效的，也不可能完全兑现，因此要把双方口头协议的事都写到就业协议书或合同中。

专家指出，首先，劳动合同不等于劳务合同。有些用人单位会用劳务合同代替劳动合同，实际上两者的差别是相当大的。劳动合同中必须写明对劳动者的义务，如必须为劳动者缴纳各种保险、明确最低工资标准等，而劳务合同则仅仅是一方提供劳务、另一方给付报酬的一种约定形式，一般不受劳动法的制约。用人单位违反劳动合同可能承担行政责任、民事责任甚至刑事责任，而违反劳务合同一般只承担民事赔偿责任。

其次，合理确定岗位条款。一些用人单位往往故意在劳动合同中避开工作岗位条款，从而随心所欲地变更劳动者的岗位，无限扩大其管理权。这样在合同履行过程中，用人单位可以任意变更合同内容，甚至故意进行刁难，劳动者却无以应对，最后只有无奈辞职。

最后，违约条款要慎签。劳动合同中，对违约行为的补偿主要是通过支付违约金来实现的。明确清晰的违约条款应当包括这样一些内容：构成违约的条件、赔偿损失的范围、违约金的计算方法及数额等，上述内容应合法、公平，特别对其中关于提前解除合同及因培训而产生的违约金，在签订合同时，一定要审视自己的经济承受能力，避免日后因无力承担巨额赔偿而陷入困境。

另外，外企合同陷阱也是值得注意的。由于薪水高，福利好，所以去外企工作是不少大学毕业生、海归派的梦想。但是外企合同附则往往不被求职者重视，一旦发生争议只能哑巴吃黄连，这可谓是"隐形陷阱"。外企的合同陷阱突出表现为"文字游戏"陷阱，即规定不合理的服务年限、苛刻的劳动纪律以及劳动者解除合同时的惩罚性补偿措施等。由于外企一般签订中英文合同，并按照英文合同执行，由于翻译、文化等方面差异，合同内容容易出现歧义，引发纠纷。在纠纷处理上一般对劳动者不利，而且外文合同一经签署具有法律效力，并可作为唯一依据，普通劳动者很难再举出其他能够推翻合同的有力证据，所以容易吃亏。

如何规避这些"隐形陷阱"？有关专家建议，求职者在和外企签订合同之前，对于全外文的合同，一定要认真读懂全部内容，甚至可以翻译后做个公证，避免日后不必要的麻烦出现。

总之，大学毕业生在求职时必须清楚，签约是件慎重的事情，如果不能签订就业协议，也要和用人单位签订短期劳动合同。签订就业协议时，要把双方口头商谈的内容全部写进协议，签约前还应反复检查，保证协议内容无歧义和遗漏。在签约之前应多向学校老师或有经验的人取经，多问自己几个为什么，要敢于向企业提问，认真了解企业的情况，充分考虑后再签约。

谨防不法之徒的色情圈套

大学生就业难，女大学生就业更难。当下女大学生在求职和工作中经常遭受冷遇。正是由于对幸福生活的追求，对稳定工作的渴望，有些涉世不深、社会阅历浅的女大学生在求职过程中不幸中了不法之徒的"圈套"，遭受人身意外伤害。

小W即将大学毕业，为了寻找到理想的工作，她一直在网上向

各个公司投送简历。一天,一个自称某知名集团的人打来电话,约其在某会所面谈。当日下午三时许,小W应邀来到会所。一位叫温军的男子接待了她,该男子自称是会所总经理。该会所是该知名集团的服务配套设施。爽快的小W直言相告自己想应聘会所行政经理职务。双方洽谈至下午六时,温军同意聘用小W,但让小W回去考虑一下再做决定。

次日,小W打电话同意到会所上班。中午,温军打电话约小W到会所敲定此事。小W就去了会所,与其谈到下午六时。这时,温军盛情邀请小W共进晚餐。随后,两人来到一家土菜馆。

温军先是喝白酒,让小W喝啤酒。后来,又让小W喝白酒。小W一开始不同意,温军就劝说只喝一点点不碍事。不知不觉中,小W喝了四两白酒,一直喝到晚上九时许,最后,还剩下四瓶啤酒。温军说带到办公室再喝。

两人到了办公室又把四瓶啤酒也喝完了。见小W此时迷迷糊糊,温军趁着酒兴对小W动手动脚起来。小W劝其不要胡来,并准备离开。温军见状,扑上来,双手掐住小W的脖子。温军还拿着卫生间洗澡的喷头,用水冲小W的脸,冲得小W几乎喘不过气。直到第二天早晨八时许,才放小W回家。

深受其害的小W思前想后,终于鼓起勇气去报案。温军也为其行为付出了相应的代价。

通过这个事件不难发现,女大学生的不幸遭遇与个人在求职中的侥幸心理有关。女大学毕业生在求职过程中一定要注意以下几点。

1. 合理定位人生目标

对于自己的人生目标要有科学合理的定位，不要好高骛远。如果盲目追求高薪、高福利、爱慕虚荣，则容易被不法分子所利用，导致意外事件发生。

2. 要有自我防护意识

刚步入社会的女大学生在求职时，一定不要忘记自强、自立、自尊、自爱，不要为了一时的就业，放弃了自己的人格和尊严。要把握好自我，不能失去判断，尤其是不要有依赖心理。

3. 求职应到正规人才市场

谨防虚假招聘信息，尽量避开一些职业中介公司。对于招聘单位，应该细心核实其营业执照、法人代表、用工合同等信息。

4. 凡事不要轻易相信

不要相信天上会掉馅饼，在托人找工作前，最好在网上查找相关用人单位的详细信息，通过电话等方式全面打听对方（包括经办人）的情况。不要轻易相信对方提供的信息。

另外，值得提醒的是，各大专院校应从入学时起就对学生灌输就业方面的知识，鼓励学生多参加社会实践，增强社会阅历，不要等临毕业时再来"抱佛脚"。

大学毕业生求职陷阱防范秘籍

一、大学毕业生在求职时应做好准备

第一，最好通过政府开办的职业介绍机构或者知名的营利性中介机构求职。

第二，不要轻易相信报刊或网络尤其是不知名的媒体发布的招聘广告，面试之前最好能通过各种渠道了解该公司的资质和规模。

第三，前往面试前告诉家人或朋友。

第四，不带印章、大量现金及信用卡前往面试。

第五，不随意做任何允诺或签署任何不明文件。

第六，多观察面试现场环境。

第七，不要心存"撒大网捞小鱼"的心理，要有目的、有针对性地投递简历，对自身资料要加强保密。

第八，最好带同伴前往。

二、搜索招聘信息或面试时提高警惕，小心受骗

出现下面的情况时，求职者需提高警惕。

第一，连续数周或数月刊登的招聘信息。

第二，待遇丰厚，工作轻松，无须经验。

第三，招聘信息中没有注明公司名称及地址或只留了电话、联系人、电子邮箱。

第四，求职时要求先购买产品，不明确告知薪水如何发放。

第五，求职时要求先缴纳材料费、报名费、保证金、培训费、意外保险费或拍照费等。

第六，电话中对答支支吾吾，似一人在公司，有时无人接听电话。

三、求职、面试安全守则

第一，不缴纳任何不知用途的费用、不购买公司以任何名义要求购买的有形或无形产品。

第二，不应按用人单位的要求当场办理信用卡、签署任何文件或协议。

第三，不将证件及信用卡交给用人单位保管。

第四，面试时若主考官说话轻浮、眼神不正并要求更换面试地点及夜间面试，或选取的面试地点偏僻隐蔽，如感觉不安全、不对劲，马上寻找借口迅速离去。

第五，面试时不食用用人单位提供的饮食，并详记该公司主考官、接待人员的基本资料及特征。

第六，若待遇丰厚得不合乎常情，公司业务、工作内容模糊不确定，则要提高警惕。

第七，注意该公司是否正规，能否正常运作，面试时是否草率，是否存在轻易录取的情况。

第八，面试时请朋友或家人陪同或前往时打电话告知亲友所要前往的面试地点。

四、误入求职陷阱后的处理方式

第一,如被欺诈或误入非法行业,应立即向警方报案。

第二,合法的中介机构应持有《职业介绍许可证》、《营业执照》、《收费许可证》等相关证件。如果遇到无证照或证照不全的中介,应及时向相关的劳动部门、工商管理部门或公安部门反映。有关部门可以根据相应管理条例规定对其进行处罚,所收介绍费可退还给本人。

第三,如果遇到中介发布虚假招聘信息,信息中所列的待遇、薪酬与实际情况严重不符合的,求职者应向相关劳动部门反映,请求查处。劳动部门可根据有关管理条例规定处罚该中介,将其所收的相关费用退还给求职者,对于求职者的损失应按有关规定赔偿。

第四,《劳动力市场管理规定》第十条明确规定,禁止用人单位招用人员时"向求职者收取招聘费用",同时禁止"以招用人员为名牟取不正当利益或进行其他违法活动"。用人单位以收取培训费、押金、保证金、担保金作为录用条件的,其行为违反了相关法律、法规。求职者可及时向劳动部门反映,请求查处,要求退还所交费用。

第五,用人单位以招聘推销员为名,订立推销员不可能完成的任务,致使推销员不能获取报酬的,其行为系以欺诈手段建立劳动关系,同样违反了有关法律、法规,应追究相应的责任。

第六,对于中介机构收取一定中介费用后搬迁消失的情况,如果是正规中介机构,可向劳动部门投诉,如是非正规中介,则可向所在地公安部门报案,由公安部门查实,如其行为触犯刑法,应依法追究其刑事责任。

第七章　着力培养向内思考心态

人生的意义就在于通过不断的向内思考来完善自我。具备向内思考的能力，则可以使人对自己有更清晰的认识。如果缺乏向内思考的能力，就会遇事沉闷，战战兢兢，丧失斗志和信心。作为大学毕业生，应该向内思考，向外实践，内外兼顾，提升素养，从而完善自己人生。

如何理解向内思考

《论语》中有这样的一句话："每日三省吾身。"这句名言充满了人生的智慧。人人皆需向内思考。当代的大学毕业生尤其需要理解向内思考的深刻内涵，积极进行向内思考。

这是因为人们常常被利欲所诱惑，在错误中不能自拔。向内思考能使人辨明得失，在思悟中权衡利害，在自省中知道进退。有的大学毕业生之所以平庸无为甚至失败，其中一个重要的原因就是缺乏向内思考，或者说从不反思自我。

向内思考的一个基本的原则就是通过激发内力，力求改变自己，通过不断提高自己解决问题的能力来处理好身边的事。向内思考是大学毕业生提升自我修养的最佳途径之一，可以促使大学毕业生树

立正确的人生观与价值观。人生的成功,少不了内心的塑造。一个人要想有所作为,经常内省甚为重要。从这个层面来说,大学毕业生能够正确理解向内思考的深刻内涵,无疑是有着积极意义的。

1. 向内思考的内涵

何谓向内思考?向内思考实质上是一种自责后的警醒,是一种内省后的明白,是一种思考后的觉悟。一个不善于反省的人,已经过去的,他不明曲直,不知正误;正在经历的,他患得患失,处险而不察。这样的人生,岂能不平庸?岂能不困顿?因此,我们需要倡导人生向内思考。应当说,人生中最需要补习的功课,就是学习向内思考,最容易引导你成功的智慧,当是时时进行自我反省。而在自我反省中,最重要的是要经常进行得失之省、利害之省与进退之省。

(1) 得失之省。得与失是追求过程中的两种结果。反省人生中的得与失,目的是感悟人生的辩证法:福祸相依,得失互变。人生在世,不必过于为得所喜,也不必过于为失所忧。舍得起,放得下,才是真正的大智慧。

(2) 利害之省。趋利避害是人之本能。然而,诱惑常让人们视害为利,贪欲常让人们唯利是图。反省人生中的利与害,目的是省悟出人生的义利观,不可为满足贪欲而陷入人生的泥潭,切不可为逐利而害人害己。生命之舟,承载不了过多的私欲和贪心,力戒贪心,与人共享,才能获得生命的大自在。

（3）进退之省。自古以来，人们往往喜进厌退，以退为耻。然而在智者看来，退进自如者方能稳操胜券。反省人生中的进与退，目的是参悟出运筹人生的生存之道和必胜之法，无退则无进，莫把一味的"进"当做勇敢有为，莫把灵活的"退"当做屈服与懦弱。知进知退，才称得上是人生的大智慧。

2. 向内思考可以让光芒进入自己心中

不管你拥有什么样的地位、名誉、财富、人脉关系，这些可能都还没有带给你内心真实的满足感和快乐，你可能早已经受够了。这时你希望改变、发现自己，知道活着的意义；或者只是想获得心灵的平静与自在；或者想有更大的智慧，并超然地活在这世间。这就是说，你在寻求解脱，寻求真我。有了这样内在真实的愿望，对自己的认识和省察就变成一种需要了。向内思考就是基于这种需要，在醒觉的状态下进行的。

一次有效的向内思考，能带来神奇的改变。可能通过瞬间的向内思考，你的视角变了，一下子从困顿中跳了出来，柳暗花明。通过向内思考，你可能忽然间打开了束缚自己心灵的枷锁，拥有让你欣喜的更加广阔的思想空间；通过向内思考，你可能突然认识到自己的问题，从而和某人僵持的关系变得缓和起来；通过向内思考，你也可能发现自己的那些烦恼原来都是庸人自扰，然后自嘲一下，随即变得轻松极了。

（1）向内思考能给我们迷茫的心灵带来一缕阳光。在我们迷路

时，在我们掉进罪恶的陷阱时，在我们的灵魂开始扭曲时，在我们自以为是、沾沾自喜时，向内思考就像清泉，将我们思想里的浅薄、浮躁、消沉、阴险、自满、狂傲等"污垢"涤荡干净，让我们的生命重放异彩让我们变得朝气蓬勃。

（2）向内思考的主要目的在于帮助我们找出过失，及时纠正，所以我们不可以陶醉于过去的成绩，更不可以文过饰非。"静坐常思己过"，以安静的心境自查自省，才能克服情感的干扰，发现自己的本来面目，纠正自己的过失。

（3）向内思考要我们善于发现并且敢于承认自己的过失，这样才可以进一步纠正过失。我们常常看不到自己的短处，很多缺点都是通过旁人的指出才知道的。对于别人善意的规劝和指责，我们要认真对待，反省自己的过失。"忠言逆耳利于行"，那些逆耳忠言常常能照亮我们的人生之路。我们应该经常自省，经常自我审视与自我批评。

（4）向内思考是自我解剖的痛苦过程，就像一个人拿起刀亲自割掉身上的毒瘤，需要巨大的勇气。认识到自己的错误或许不难，但要用坦诚的心灵去面对它，却不是一件容易的事。懂得向内思考，是大智；敢于向内思考，则是大勇。只要"坦荡胸怀对日月"，心地光明磊落，向内思考的勇气就会倍增。古人云："君子之过也，如日月之食焉。过也，人皆见之；更也，人皆仰之。"这句话的意思是：日蚀过后，太阳更加灿烂辉煌；月蚀复明，月亮更加皎洁明亮。君子的过错就像日蚀和月蚀，人人都看得见。但是改过之后，君子会得到人们更崇高的尊敬。

向内思考本身就有一种力量。它带来的礼物有很多，你会因此而变得健康、乐观、平和、有深度、有爱心、有创造力。它可以让一个人认识自己，改进自己，变得越来越简单，懂得享受生命，自在、纯真而有智慧，并将人性之中越来越多的内在闪光点自动地发挥出来。总之，大学毕业生面对即将进入的社会"大课堂"，要深入理解向内思考的深刻内涵，理智地面对所遇到的问题。有了这样的人生智慧，你就会活得风光无限，你的人生也将充满绚丽的色彩。

建立向内思考心理机制

在当今社会，一个大学毕业生如果具备了自省己过的心理机制，相当于在浮躁的现实社会中建立了自己的坐标，这样就能够坦然面对孤独，克服独处时的茫然不安，并不断提升自身的修养。那么我们应该如何做到这一点呢？

1. 控制你的注意力

能够向内思考，先要跨过一个重要的门槛，就是能控制自己的注意力，开始捕捉自身内在的无形的精微信息。

比如，你之前只知道自己表面上做了什么，有什么行为，但有了向内思考的能力后，你就能透过表面行为看到其背后的真实动机。有一个单身女士，她喜欢家里人多些，热闹些，每到周末就热情地

请朋友们到她的家中聚会或聚餐。几次之后,朋友们都不愿意来应酬了。后来她进行向内思考,她问自己为什么总是组织朋友到家里聚餐聚会,她意识到自己很害怕孤独,觉得周围有人才安全。她表面上的行为是宴请朋友,背后的真实原因是内心没有安全感。

因而向内思考是具有穿透力的,你会看清其实存在却无形的行为根源。正因为如此,随着向内思考的增加,一个人会更加富有洞察能力。

2. 在一定的高度和范围向内思考

身在问题之中,就看不清问题。你要从问题之中出来,转移注意力,从更高的视角和更大的范围内全面地思考。这是向内思考的一个先决条件。

有个人失去了亲人,无法从痛苦之中走出来。后来,他决定旅行,到大海边时,他的心一下子打开了,痛苦随即烟消云散。他是通过旅行变换地点使注意力发生转变。向内思考时要知道注意力去了哪里。通常你对于自己身在哪里是了解的,现在,清楚你的注意力去了哪里更加重要。当你能够随时掌握自己的注意力在怎样转变,特别是清晰地捕捉每一个思想活动的轨迹,那么向内思考就会比较容易了。

当你能随时省察自己的注意力在哪里,就可以随时有效地省察自己了。那时,不管是外在的表现还是内心里的思想活动,你都清清楚楚地知道。

3. 向内思考与入静冥想

入静冥想也是一种注意力方面的训练。每日静坐冥想会起到管理、训练、稳定注意力的作用。当达到一定程度后，保持觉醒的状态不再需要如此费力。就是说先要有初步的觉醒，然后才可以进行有效的向内思考，而有效的向内思考又会使觉醒更加稳固和深入。

向内思考与内心的宁静状态是相互促进的。向内思考能力和内心的平和程度成正比例。一个人越能够向内思考，内心就越平和。反之，内心越宁静，也就越有能力向内思考。因此，如果能够静坐冥想，同时不断地向内思考，就会成长得比较快。

最好能够专门给自己时间来入静，面对自己，认识发生在自己身上的事情的本质和自己内心的各种状况等。能有时间独处亦是相当重要的。独处意味着你将注意力给自己，而不是外在的人和事。有人认为一个人待着就是独处，那可不一定。虽然你单独一人，但却在阅读、看电视、上网等，这时你的注意力仍然是向外的，这就不是真正的独处。有些人有空闲时却不知道把注意力放在哪里好，就去娱乐消遣，消磨掉时间。其实，你如果能够将工作、家务之余的时间给予自己，用来静坐冥想，了解、省察自己那是最好不过的。这样一来，你会发现，你不但没有多余的时间要去消磨掉，反而希望有更多的时间来入静。这时你会发现,时间和生命变得宝贵起来。一旦你进入了心灵的成长旅程，感受到那份由衷的喜悦，你便会知

道，快乐完全是内在的，并不是外在的什么活动可以带来的。

4. 只针对自己，不牵涉他人

向内思考是你对自己做的，目的是要看清楚自己。如果一件事情之中，牵涉到其他人，你觉得别人错了，你看到的都是自己之外的别人的问题，这就完全不是向内思考。盯着别人的错误，你就没有机会改变、提高自己了。假如一件事情发生了，通常，你与别人都是导致其发生的因素。我们常说"一个巴掌拍不响"，现在向内思考就是只看自己的那个巴掌，你出于什么自己的内在的原因出手去拍、怎么拍的。别人的那个巴掌不是你向内思考的对象。

向内思考是为了有益于你自己，是要让你自己变得更好。在我们有能力使自己变得更好之前，我们通常不可能有能力使别人变得更好。有人读着如何向内思考的书，读完后去看别人有没有向内思考，这就又不是向内思考了。向内思考是要省察自己。

怎样做到向内思考

向内思考就是自我反省，自我提高。懂得向内思考的人才能跟上时代的步伐。作为一个大学毕业生，怎样做到向内思考呢？

1. 敢于承认自己的短处

木桶原理告诉我们，一个木桶的容量取决于其最短的一块木板。

同样的道理，一个人的竞争力往往不是取决于他在某一方面的超群的能力，而是取决于它是否存在着的某些薄弱环节。在人生发展过程中，如果不能及时查找和发现自己的短处，并及时弥补，那么久而久之，短处就会影响到自身的发展，我们甚至会因一"短"而失败。

我们总是按照习惯思维考虑问题，认为发挥长处就能大获全胜。其实，我们不知道"短板"处正在漏水。就如一部好车，哪儿都好就是轮子坏了，也同样影响行驶。所以，很多时候，人和人的差别从本质上讲并不大。但就这么点差别，现在很多人都心里明白却不知道采取有效的弥补方式。

任何人经营自己的人生都要随时自我反省，自我检讨，揭自己的短。对大学毕业生来说或许更应如此。你获取成功不是靠发挥你最突出的地方，而是靠弥补你最弱的地方。充分地认识自己的不足之处，制订出提升的方法，这样才能早日获得成功。

2. 主动接受批评

大学毕业生进入职场，由于工作经验不足及缺乏处理突发事件的能力，多数人在一开始工作时常常受到上司的批评责备。有些毕业生因此而伤心难过甚至愤愤不平。其实，作为下属，作为职场新人，都应该坦然接受上司的批评。面对上司的批评，我们通常要做到几下几点。

一是要虚心接受批评。由于刚工作不久，在工作中出现一些差错是在所难免的，最重要的是知错能改。面对上司的批评，要学会

虚心接受，当执行任务失败时，即使你有充分的理由也不要辩解，要第一时间向上司道歉，即使上司不会马上接受，事后他也会觉得你态度良好，并最终加深对你的信任。

二是切勿当面顶撞上司。下属在公开场合受到不公正的批评时要懂得忍耐，不要当面顶撞上司，否则会让上司下不了台。如果下属能在上司"发威风"时给他留足面子，起码能说明下属大气、理智、成熟。只要上司不是存心找碴，冷静下来后他一定会反思。而下属的表现一定会给他留下深刻的印象，那么这样的下属在公司得到重用的日子也不远了。

三是不要把批评看得太重。确实遭到误解怎么办？可找机会向上司说明事实，但要点到为止，即使上司最终没有为你"平反昭雪"，也不要纠缠不休。聪明的下属应该学会"利用"批评，如上司对下属错误的批评，只要下属处理得当，有时也能变成有利因素；反之，如果下属不服气，发牢骚，那么下属和上司的感情将会疏远，关系将会恶化。

3. 不断追求进步

人总是追求进步的。大学毕业生追求进步，才能展示自己独特的一面，释放自己的活力，张扬自己的个性。

工作的时候，如果我们追求进步，思想上不封闭僵化，行为上不墨守成规，能够尝试着用心去了解工作，全力迎接工作上一切新的挑战和困难，改变工作中的不良状态和方式，在继承前人经验精华部分的同时，有自己的新发现、新领悟和新突破，那么我们就会惊奇地发现，工作带给我们的不仅仅是生活上的充实，还有自我价值的实现。

学习的时候，如果我们追求进步，能够虚怀若谷，从他人那里能够学习到宝贵的经验；能够心胸坦荡，广结益友，从朋友那里获得无形的财富；能够善于思考，勇于探索，从个人直接经验中挖掘一生享之不尽的宝藏，那么，我们同样也会发现，学习真的提升了我们，不管是我们的头脑，还是我们的生活、工作，一切都变得很不一样。

娱乐的时候，如果我们追求进步，能够动动脑子，下点工夫，使娱乐活动真正达到放松自己、愉悦身心的目的；能够用新的眼光，从新的角度对待生活，发现新的乐趣；能够用充满爱的情感投入健康的娱乐活动中，那么我们就会发现，娱乐带给大家的不仅仅是开怀大笑，还有长久的幸福和爱的力量。

追求进步使我们的生活充满阳光和活力，这难道不是很有价值的生活方式吗？

4. 努力改变自己

改变自己需要我们付出一生的努力。因为当我们有了这样的人生信念，就能够勇敢地面对生活中的失败与失落。成功的人之所以能够成功，那是因为他们努力做到了改变自己。有了这样的人生看法时，就能够促使自己努力学习，客观认真地对待生活，由此，我

们生活的内容就变得丰富起来。我们知道，学习是一个磨炼自己意志的重要过程，有的人在学习时意志不坚强，就会放弃，有的人愿意通过这个过程来改变自己，那么他的人生也会因此而改变！

改变自己就是改变自己的缺点，改变自己就要改变自己落后的一面。面对未来的人生，我们要有努力改变自己的勇气，还要有努力改变自己的决心，具备了这些，我们的人生就会是一个有活力的人生。

总之，作为一个大学毕业生，无论你的资历、能力和本领如何，在人才济济的社会里，都是渺小的。要想取得成功，就要在生活中做到自省，保持低姿态，查找不足，把自己看得清清楚楚、明明白白，从而把握自己，把握人生。

自省自己的职场尴尬事

眼看你的同事升职的升职，加薪的加薪，你却原地不动。这是怎么回事？也许你为此百思不得其解，甚至怨声不绝。出现这种情况，你有没有想过从自身来寻找原因？当然，这种情况出现在你身上，不一定是你的能力不足，可能是你的人际关系有问题。

为了以后的发展，你要认真自省下面的几点，这些可能是你停滞不前的原因。

1. 你觉得把分内工作做好就够了

错了！工作能力、工作效率、可信赖的程度甚至你的学历，都不会是单一指标，也不会是最重要的。无论你是老师、护士、会计或秘书，工作环境本身是由人组成的，每人有每人关心的事务与优先顺序，学习如何调节与上司或同事之间的重心，是有必要的的。

2. 你认为同事可以是患难知己

那可不一定！小玲是你的同事，你和好无话不说，几个月下来，小玲对你的家务事清清楚楚。她听到你妈妈在电话里的唠叨，知道你叫男朋友的昵称，再加上你们形影不离（上班时间），甚至吃中饭时都在倾吐心事，这一切让你觉得能交到这么贴心的朋友真好。但是如果三个月后，你升职加薪，而小玲没有，更巧的是，你成为她的上司。这时，你想，作为你最好的朋友，她应该会替你感到高兴吧。但是，事实可能并不是这样。权力与金钱常常会改变许多人的想法，尤其是关系到个人的前途时。如果小玲不再是你的朋友，你这时可能会开始担心你以前透露的所有秘密。

3. 你忽略、轻视你的敌人

错了！大部分人认为朋友给我们最大的支持，敌人企图伤害我们，因此不去理会他。事实上，朋友，说好听的给你听，保护你，你的笑话即使无聊他们也会说好笑。相反的，你的敌人恨不得马上抓到你的小辫子，你一出错，他们马上指责，不会保留。他们总是

攻击你最脆弱的地方。所以正视敌人,因为这个好机会让你能重新修补"盔甲",弥补缺点,等他们下次再来时,你已经气定神闲,准备好了。

4. 你常常很露骨地拍上司的马屁

错了!有些上司希望听到全面的信息,但是大部分的人不会,他们也是普通人。也就是说,他们宁可听到好消息而不是坏消息。因此,我们在表达的时候要注意运用技巧。例如:"经理您今天看起来好年轻"这样的话是很明显的拍马屁的话,上司不是笨蛋,你昧着良心的话对方也听得出来。所以你要找出对方真正让你佩服之处,然后适时赞美,就像你的父母夸赞你房间很干净,当你考满分时学校老师夸赞你一样。比如,"经理,您昨天的处理方式,让我们能够把任务顺利进行,多亏有您出马。"你看,没有拍在马腿上,以后你做事肯定会顺多了。

出现职场尴尬事不可怕,只要你善于自省,有时尴尬事还能变好事。自省能够帮助你想出应对尴尬事的方法。下面给你介绍六大应急高招。

一是放过那些非原则性的尴尬事。办公室遭遇尴尬事,很多时候是和人的性格、脾气有关。只要不是原则性的问题,就应该轻轻松松地放下,而不是耿耿于怀。

二是将尴尬事变喜事。现在送花到办公室里的人越来越多,特别是在那些心气很高,追求者很多的女士的生日时,公司都可以开鲜花店了。发生尴尬事，就是几个追求者相遇了。如果遇上这样的情况，就把生日聚会变成公司的聚会，邀请自己熟悉的女同事一起吃饭，唱歌，如有可能还可以制造惊喜，把那些优质男介绍给办公室的单身女同事，这样既解决了尴尬事，同时也成人之美。千万不要当众发威或者发飙，要知道这可是表现自己情商的好机会。

三是不要过于自责。生活中谁都可能犯错误，即使是很低级的错误，只要不是造成很大的不良影响，都可以一笑了之。某公司曾经有一个女领导，平时严肃加严厉，手下的员工们见到她就像老鼠见到猫。有一天晨会刚开始，一向端庄强势的女领导坐在椅子上发言，有可能是用力过度，只听"嗞"的一声，她的上衣左侧撕裂开了一条缝，下属们都快笑出声了。这样的尴尬事对自我要求严格的女领导而言不仅是陷入窘境，更关系以脸面问题。随后的好几个星期她的心情都不佳，原因就是她很自责，认为自己没有事先检查好衣服，才会当众出丑。其实换一种方法，她就可以拉近和下属们的关系，比如当众自嘲一下：越忙越胖，越忙越乱。然后可以主动问下属借用备用的衣服。这样既摆脱了尴尬的境地，同时也流露出女人的可爱一面。记住，出现尴尬事不用自责，要想这反而是自我调节的机会。

四是幽默加诙谐。有时发生尴尬事不是以个人意志为转移的，当发生的时候，最好可以用积极的心态去看待这个尴尬事，尽可能表现出自己幽默诙谐的个性。例如，有一个名字叫"没有（穆友）"的男员工，很容易被人叫成"没有"。如果这个名字带来许多的麻烦，

那就换成一个不会引起误会的名字好了。实际上，穆友早就成了公司的开心果，在他离开多年之后，只要一想起"没有"，众人还是乐不可支呢。

五是善于忘记尴尬事。在办公室遭遇尴尬事，也没有什么大不了。比如，有人一不小心把给情人的短信发给了老板，有人把自己私人的邮件甚至还有照片的附件群发给了大家，还有人在公务活动中喝得酩酊大醉，醉后胡言乱语，全然没有了职场人的身份。当尴尬事发生后，减少其影响力的方法就是健忘，千万不要自作聪明想做弥补，通常会越补越糟。有时候，难得糊涂也是一个高招，只要在以后的日子里注意防微杜渐，不要让类似的尴尬事重演就行。这才是明智之举。

总之，职场尴尬事不可怕，自省带来的智慧完全可以将尴尬事大变身！

学会用自省调整心态

定期与不定期的总结和回顾，对成长中的大学毕业生大有裨益。对自己走过的路进行整体回顾，总结出自己的长处和不足：长处需进一步加强，而不足则需要我们找到原因和弥补办法。在整理的过程中，我们会养成向内思考的习惯，并很快实现自我提升。

那么，对成长中的大学毕业生来说，怎样用自省的方式调整心态呢？

1. 培养积极的态度

积极的心态可以带动很多东西。你的心态不一样，你的精神状态也会不一样，这样你做事情的效率也不一样。你一旦有了某种动力，就会有明显的紧迫感、危机意识，你会很有欲望去学习知识和技能，随之而来的是你很渴望得到别人的肯定，因为这样你会很有成就感。这样一个像链条一样的过程对很多人来说是很有诱惑力的，因为他们很享受这样一种过程，他们会因此而觉得生活很美好。这种积极的生活态度，是成功的根源。

2. 根据目标调整自己

一个有想法的人，不见得就会走上一条光明而成功的道路，因为他需要通过自己改变自己。很多人都是这样的，他们很有想法，雄心勃勃，斗志昂扬，期待一场酣畅淋漓的"战斗"，却在关键点上丧失了章法，丧失了智慧，丧失了机遇，最后导致自己丧失了信心，又回到了原点，因为他们首先丧失了自我。他们不明白自己想要什么以及下一步应该做什么，以至于走上失败之路。

当你明白你想要什么以后，其他所有的因素都不能对你产生阻力，那些客观因素是不会左右你的，你也不会丧失信心和斗志，因为你很清楚你在做什么，即使是暂时处于停滞或者低迷状态，你也不会失去自我。人不是万能的，我们能把握的只有大的方向。在遭受挫折、困难的时候，积极的态度就是我们的动力，清醒的头脑就是我们的指南针，这样我们就离成功又近了一步。

3. 把握好过程中的细节

在把握大的方向的同时,如果没有对细节上的精益求精是无法达到真正优秀的。这就是精英是少数人的原因。站在"金字塔尖"的永远都只有那少数一些人,为什么?因为达到这一步是极其困难的,它要求你在整个人生过程中,几十年如一日保持谨慎、清醒。

细节会伴随我们一辈子,是我们做选择的时候必然要面对的,它体现了你的价值观。很多人会忽略细节,所以说很多人是普通的。一个真正优秀的人,他会很清楚自己在细节上所付出的代价,并把握好每一个细节,会十分清楚自己的目的和所要的结果。

学会用自省调整心态是大学毕业生走向成熟的第一台阶。一个人应该多留时间给自己思考,这是真正的磨刀不误砍柴工。当你处在一个自己不满意的环境中时,怎么样来通过内在的力量调整心态,摆脱消极情绪,这也是认识自己以后的一个重要的作用。不管你所处的环境怎么样改变,你始终是你,你自己永远要明白自己需要什么,通过努力来实现梦想。

求职路上与自省、自信相伴

作为当代大学毕业生,只有在求职的道路上时刻自省,并树立自信心,才能感受人生的美好与事业上的成功!

女大学生灵芝从财务专业毕业后,被分配到一家大型国企做财务。这一做就是三年。三年后,她准备跳槽。她的家里人都觉得不理解:

"工作稳定，待遇不错，还想怎么折腾呢？"但灵芝觉得自己痛苦。那种安逸的工作状态，日复一日相同的工作内容，已经让她完全丧失了自信。她天天都在想，一旦离开这个岗位、这家公司，自己还能做什么？因此，她对外面的世界充满了恐惧。

强烈的失落感让灵芝如坐针毡，同时也让她深刻意识到，不能继续逃避，必须想办法改变现状，重拾自信。她想，一个人永远不要为自己划定一个圈子，然后待在里面不动。只有前进，才能感受到活力。当你对一件事情感到害怕时，必须积极地面对它发。如果不停地退缩，你原来划定的圈子就会越来越小，直到你无处可退，最终只能固定在一个小点上。最后，她决定辞职，切断一切后路，逼自己重新面对外界社会，走上求职之路。

灵芝找工作的过程可以总结为：疯狂地参加面试。和别的求职者不同，她从不拒绝任何一次面试机会，哪怕这个公司或职位对自己的吸引力不大。她参加面试的目的，不在于一定要得到一份工作，更是把它当做学习的机会。在面试中，略带紧张的心情，反倒能激发出她的潜能，让她有超常的临场发挥。灵芝甚至常常被自己的表现吓一大跳：原来，自己也能把一个问题分析得头头是道，自己思考问题也能这么有条有理！"我能行！"这恐怕是面试带给灵芝最深切的感受了。此外，面试能让她接触到各种类型的公司、不同风格的老总，还能学到一些陌生的行业基本常识。

经过一次次面试，灵芝眼界大开，也积累了不少面试技巧。最重要的是，她日渐成熟，精神面貌完全改变了。有一次面试，她遇

到一家德国公司的老总。他们从下午两点钟谈起,一直谈到五点钟。公司老总约她参加第二轮面试,这次又谈了三个小时。

两轮面试过后,灵芝成了该公司的一员。其实,她离他们的要求还有些距离,但她表现出来的热情、蓬勃向上的精神面貌,一下子吸引住了德国公司的老总。

积极参加面试这个习惯,后来灵芝一直保持着。即使是在对现有工作非常满意的情况下,她也会多方寻找面试机会,不是为了跳槽,而是把每一次面试都当做一次学习机会。经常处在面试的状态,能让她始终保持旺盛的斗志。

平等融洽的企业文化、德国老总开放的理念,令灵芝与其一拍即合。进入公司后,灵芝如鱼得水,短短几个月内,她的管理才能就显露了出来。老板知人善任,很快提升她做财务主管,这是公司财务方面最高级别的管理者。她这一干又是三年。

灵芝最大的特点就是善于自省,在每一个年龄段,她都对自己有一个要求。她希望在30岁左右,能成为一家较大规模公司的部门经理。现在的公司虽好,但规模太小,在财务方面,已经没有她的发展空间了。眼下,已经有不少猎头公司来找她接洽,她也看中了几家合适的企业,就看最后的双向选择了。

灵芝一直认为,人生能有怎样的成就,关键在于你为自己设定了怎样的目标。在每一个年龄段,她都有一个清晰的目标,不达目的,她的奋斗就永不停歇。

其实,为自己设定目标不是一件容易的事情,灵芝也和很多白领一样困惑，不知道自己想要什么。灵芝曾一度发了疯似的想放弃为之努力多年的财务专业，而去当一名同声传译，因为她从小就热爱英语，想抛开一切，去圆这个儿时的梦想。

虽然灵芝表现得很坚决，连家人都劝阻不住，但其实她内心里是相当犹豫的。在梦想和现实之间权衡了很久，灵芝终于看清了，她在财务方面已经有相当的基础，改行做同声传译工作，一切要从零开始，无论是在专业知识、基本能力，还是在年龄上，她都不具备优势。从此，她一门心思专攻财务管理了。这个决定让她认识到，每个人在内心深处都是知道自己想要什么的，只是这种想法容易被各种因素所左右。这时，我们需要绝对的自省，聆听自己内心的声音。既然选择了，就不要后悔。

灵芝的故事讲完了。也许，她的经历平淡无奇；也许，你不能完全认同她的求职哲学，但善于自省带来的自信让她朝气蓬勃，浑身上下焕发着光彩。我们完全可以相信，前方属于她的天空一定很绚丽。

年轻的大学毕业生们，为了在求职路上能够拥有这份自信，我们也应该像灵芝那样懂得自省，为不断前进做准备。

在自省中走向成功

人贵有自知之明，人重在时常自省。树立自省的意识对任何人来说都非常必要。一个人只有在不断的自省中才能保持清醒的头脑，提升自己的修养。而对于大学毕业生来讲，自省是提升个人内在修

养的表现，也是走向成功的必然要求。

作为当代大学毕业生，怎样通过自省走向成功呢？

1. 自省就是自我提高

在瞬息万变的信息时代，一个只知道埋头苦学、两耳不闻窗外事、不在自省中寻找有效学习方法的学生，即便得到再高的考试成绩，也很难得到社会的认可；一个总是自以为正确、永不出错的人，如果不对自身进行行之有效的自省，那他也无法意识到自身的缺陷，且得不到别人的信任……这些都是因为缺乏自省意识造成的。一个能够不断自省、内省、反省的人，其人生目标远比常人要明确、远大，经过数次精神上的洗礼之后，他也比一般人进步得快，提高得快。

生活中的每一个人都渴望成功，但获得成功却要经过一番艰苦的历程，只有一步一个脚印，坚实地走下去，时刻反省学习和生活中存在的问题以及需要改进的地方，并认真寻找对策去解决，才能到达胜利的彼岸。

李开复博士在与大学生的交流中，一再建议大学生要"勇于承认错误，主动接受批评；不断追求进步；多听取他人的意见和建议，接受'良师'的指点；事后认真反省，努力改变自己"，只有这样，才能培养自省的态度和勇气，才能在不断的反思中重新认识自己，从而寻求进步和奋发向上的动力。作为即将步入社会的大学毕业生，仍要坚持做到上述几点，坚持自省。

2. 没有最好，只有更好

曾经有一个刚刚加入微软公司的经理，带着微软某个著名的软件产品参加了一次软件展示会，获得了不错的成绩。会议刚一结束，这位年轻的经理便迫不及待地向产品组的每一个员工发了一封电子贺信。他在信中高兴地说道："在此次展示会上我们取得了十项大奖中的九项，让我们一起为此祝贺吧！"没想到的是，不到一个小时，他收到了所有员工的回信，大家在信中提到了一个共同的问题："为什么还有一个奖项没有得到呢？为什么不从这个失掉的奖项中总结经验呢？明年我们怎么做才能拿到全部奖项？"

那一刻，这位经理几乎惊呆了。他没有想到微软的员工竟然那么在乎那个失掉的奖项。同时，他也明白了一个道理，那就是微软为什么总是能推出深受市场欢迎的产品。

在这个竞争日益激烈的年代，做什么事如果只追求"基本满意"、"差不多就行了"、"和别人做得一样好"，而没有竭尽全力超越别人，争做第一，那么就难以在激烈的角逐中夺魁。一个人或一个企业，只有不断反省，从一点一滴中提升自己，追求完美，才能在残酷的竞争中赢得一席之地。凡事不可只抱有"足够好"、"已经不错了"的心态，而是要时刻问自己"能不能再好一点"，"怎样才能更好"，只有这样，我们才能在成长的道路上不断进步。

3. 培养自省习惯，努力改变自己

人人都有缺点，都有不足。自省的目的就是要对自己有一个正

确的认识和评价。自省可以使我们克服缺点和不足，可以帮助我们明辨是非善恶。

一个青年有一天在街角打电话，他用一条手帕盖住电话筒，然后说："是王公馆吗？我是打电话来应征做园丁工作的；我有很丰富的经验，相信一定可以胜任。"电话的接线生说："先生，恐怕你弄错了，我家主人对现在聘用的园丁非常满意，主人说园丁是一位尽责、热心和勤奋的人，所以我们这儿并没有园丁的空缺。"

青年听罢便有礼貌地说："对不起，可能是我弄错了。"接着便挂了电话。

一位老板听了青年的话，便说："你想找园丁工作吗？我的亲戚正要请人，你有兴趣吗？"

青年说："多谢你的好意，其实我就是王公馆的园丁，我刚才打的电话是用以自我检查，确定自己的表现是否合乎主人的标准。"

人不自省，难以进步，难以完善自我；坚持自省，就能够多一点谦虚，少一点高傲，从而正确地估计和评价自己。在生活中，只有不断自省，才可以立于不败之地。

李开复博士给我们总结出了一套自省训练法：先拿出一个小本子，在每月第一天的时候，总结一下你在上个月的成功之处和失败之处，用客观的态度反思失败的根本原因，或请你的老师和同学帮你找出失败的原因，并把这些失败的原因罗列出来，然后寻找解决方法，制订改进计划。到每个月的最后一天，对自己的执行计划再作一次评估，然后再请你的老师和同学评判你是否有所改进，如此长久地坚持下去，就会养成自我约束、勤于自省的好习惯。

除了李开复博士的自省训练法外，以下三点内容也可供大学毕业生们借鉴学习：

一是经常检查自己。通过对自我言行的回顾和反思来实现自我认识和自我评价，以"一日之所为"、"一日之功过"来校准、对照和检查自己，对自己有正确的认识。

二是对自己的言行作出规定，经常对照检查。针对自己所要努力的方向或要改正的缺点，选择一些警句名言，写出来，挂在室内或夹在书本里，时时对照提醒自己，改正缺点，不断进取。

三是注意观察发现他人的优点和长处。人们在交往过程中通过彼此间的认识和比较，从而形成自我认识和评价。所以，我们应经常注意观察发现他人的优点和长处，用自己的言行和其他人的进行比较对照，从而认识自己的缺点和不足，不断在学习和工作中改正自己的缺点，实现自省的目的。

总之，大学毕业生只有正确认识和评价自我，才能不断提升自己。事实上，只有习惯于自省，才能得到别人的信任和尊敬；只有习惯于自省，才能找到解开人生谜团的方法，同时培养自我的完美品质。

第八章　提高理财能力化解危机

不少刚刚踏上工作岗位、准备为事业而奋斗的大学毕业生从一开始就陷入理财困境。换个角度来看，就能够理解这种情况出现的原因了。作为刚走入社会的年轻人，多数还不需要负担家庭的开支，相对而言有更多的优势进行投资，因此如果能认清目标，提高投资理财占总收入的比例，就有更多的机会提早实现"理财目标"。

大学生在校期间就应该学习理财

大学毕业生应有意识地培养自己的理财能力，这样可以尽早实现自己的财富梦想。为此，可以考虑以下几种途径。

1. 要善于与银行打交道

大学毕业生理财首先应从如何同银行打交道开始。不要以为去银行仅仅是取钱或存钱那么简单，即便是简单的存款，也有理财知识可学。在校期间，很多学生虽然在银行设有独立户头，但大多是由父母直接掌控的，学生本人对存钱、取钱、银行利息计算等没有什么感性的认识。大学毕业以后，通过和银行打交道，可以了解最基本的金融常识、信用卡的一些功能等，并逐步学习如何独立理财。

2. 学会开源节流

要解决"钱不够花"的问题，最积极的办法就是设法增加收入。做家教、到一些公司做兼职……这些都是能够帮助大学毕业生增加收入的办法。但光是开源还不够，关键是要学会如何打理和规划自己的钱财，要学会节流才行。大学毕业生节流不妨从记账开始，每天记下自己的支出，过一段时间后看看哪些是不必要的支出，就能够把一些可花可不花的钱节省下来。

3. 尝试进行投资

除了开源节流之外，大学毕业生其实还可尝试进行投资。尤其是对那些有一定经济基础的大学毕业生来说，可以适当尝试进行一些真正的投资，如投资股票、基金定投等。涉足这些投资领域，并不完全是为了挣钱，更重要的意义是通过"实战"使自己更好地了解投资市场。具体来说，安全性较高的投资回报品种有以下几种。

（1）债券型基金，年收益率通常比银行储蓄利率高，风险大于银行储蓄，可以关注一些"五星级"债券型基金，在合适的时机介入。

（2）企业债券，属于信用债券，有一点风险，但风险很小，目前发债单位主要为上市公司或者各地国企等。

（3）银行理财产品，收益率普遍高于同期储蓄利率，大学毕业生们可以关注一些保本型的理财产品。

4. 自己动手省钱

在当今社会，用自己的手艺赚钱是件光荣的事。学计算机的大学毕业生可以帮别人装配电脑、维修电脑，并以此来赚点生活补贴。心灵手巧的大学毕业生与其去买中国结作为饰物或礼物，为什么不学着自己编一个呢？这样在实践中既锻炼了自己，又节省了开支，何乐而不为呢？

5. 学做二手交易

大学毕业生了解二手市场的最佳渠道是网络，可以利用网络来发布交易信息，搞个"网络跳蚤市场"。这种方式在大学生中已日益普及。另外，有一些二手交易活动也不可错过。例如几乎每所大学的毕业生在离校前都会举办毕业生跳蚤市场，你在那里可以"淘"到大量的旧书、磁带、自行车，甚至电脑。当然，你也可以在那里把你的一些旧货卖个好价钱，让它们继续"发挥余热"。

6. 尝试做点生意

学校也是个小社会，学校里同样商机无限。筹措一笔启动资金，自己做个小老板，说不定还真能在校园开创自己的一份"产业"。建议最好从一些风险小的生意做起，如出售打折电话卡、手机充值卡、代理学生日用品等。在学校里做小生意，赢利多少并不重要，重要的是你从中学到了一种经营意识和市场意识，学会主动地了解市场，并根据市场的变化做出决策，在学校里就学会"像企业家一样思考"，这才是最重要的。

在校大学生应该明白：思路决定出路，观念改变人生。如果想法改变，态度就会改变，行为就会改变，习惯就会改变，人格就会改变，命运就会改变，最终，人生就会改变！明智的人在怀疑中了解求证，愚昧的人在怀疑中拒绝排斥。行动才是真理！

毕业学理财摆脱"口袋危机"

大学毕业生刚刚进入社会，走上工作岗位。他们既有收到工资时的喜悦，又同时伴随着困惑——工资不够花。这样就出现了在大学毕业生中广泛存在的所谓"口袋危机"。

美国一位理财专家曾说过这样一句话："不能养成良好的理财习惯，即使拥有博士学位也难以摆脱贫穷。"刚刚走上工作岗位的大学毕业生多数是"月光族"，只有少数能存下一些钱，但也只是简单地把钱放在银行里，根本没有理财意识。但有一些有心人，他们把自己仅有的工资按比例划分，一部分用于日常生活，一部分用于小额投资理财，在管理自己的工资上，有一些摆脱"口袋危机"的绝招。

1. 勤于学习

"我真正形成理财意识是在考取理财规划师之后。"小许当时在保险公司工作，周围的同事都在进行理财规划师课程的学习，小许也就加入学习的行列中。通过学习，小许认识到了投资理财的重要性，

他说:"学完之后,我悔得肠子都青了。我真后悔三年之前不懂理财知识,浪费了那么多投资的好机会。"

很多大学毕业生对理财没有概念,只是把钱存起来,不懂得如何让钱"生"钱。事实上,人赚钱很慢,但钱生钱却很快。金钱可能不是慈悲的主人,但它却是能干的仆人。只要投资方法得当,我们可以使手里的钱快速增加。

法国一位著名的理财师曾指出,阻碍致富的三个基本因素之一就是缺乏理财方面的知识。他认为,了解如何致富不需要花费太多的时间,只要几个小时你就可以掌握一些基本的规律与方法。一旦你很好地理解和运用这些知识,你的生活将会得到改善,而且比你想象的还要快。因此,永远不要停止学习。

2. 养成记账的习惯

小许的老家在甘肃省,她在北京没有亲戚,也没有朋友。十年前毕业时,她被分配到一家国企单位工作,每月工资1000元钱。单位虽然管吃管住,但小许还是觉得工资不够花。十年后的今天,她已是一家银行的项目经理,经历过"口袋危机"的她,依然十分关注现在那些刚毕业的大学生们如何有效地分配那点可怜的收入。她常常对单位里刚参加工作的大学毕业生说:"刚工作的时候,我也不懂得管理自己的工资,经常是在不知不觉中就把钱花完了,而且都不知道花在哪儿了。所以养成记账的习惯,控制自己的开销很重要。"听了小许的建议,大学开始记账。两个月下来,有人发现自己在购物上开销很大，于是开始控制自己在购物方面的开销。到后来，许多人一个月能省下三四百元。

记账是一种看似琐碎，对理财却大有益处的好习惯。有人提到了这样一个记账方法——两抽屉法，即把记账表分为两类，一类叫做消费抽屉，一类叫做储蓄抽屉。在日常生活中，刚开始可能会因为计划不合理而经常动用储蓄抽屉中的钱，但慢慢地要对这种行为习惯加以控制，比如一开始消费抽屉里的钱用20天就花完了，但随着对开销的控制，消费抽屉里的钱25天才用完，就这样直至消费抽屉里的钱能满足整月的开销。这样慢慢地就会有很多余钱用于储蓄。

及时记账能有效地记录工资的走向，达到有的放矢的效果。小许现在月薪10000元，她仍保持着记账的习惯。"现在'口袋'虽然不紧张了，但记账能很好地控制我的消费走向，使我不至于在某一方面挥霍无度。"她说。

3. 强制储蓄

对于刚参加工作的大学毕业生来说，薪资不丰，理财经验缺乏，花钱没有计划性等是很普遍的。即使有资金参与理财，也会受到理财产品门槛高的限制。因此，通过强制性储蓄来积蓄人生中的首笔财富不失为一种有效的理财之道。它可以帮助爱花钱的人改掉不良的消费习惯，同时又为其今后的生活积累了可观的资本。但需要注意的是，强制储蓄一段时间，当资本累积到一定程度时，需要考虑其他的理财渠道，做到"以财生财"。

4. 购买保险

刚参加工作的年轻人，工作压力大，很辛苦，社会保障也少。一般而言，尽管单位会为刚毕业的大学生购买基本的社保，但通常不能购买其他的险种。因此，再购买几种商业保险，建立一个保障网络也是必需的。人身意外伤害险、大病医疗保险等应该首先购买。

5. 学会精打细算

实际上，理财离不开开源节流，对于刚参加工作的大学生来说，由于没有雄厚的财力，更应该如此。在不断扩大理财渠道的同时，节约开支也是不可忽视的。这里介绍几个省钱的小技巧：一是对日常开支建立记账簿，时常查看，了解自己是如何消费的，并将不必要的消费项目逐渐省去；二是巧用信用卡理财，用信用卡消费，现金则用于存储或投资，这样在还款日前还可享受免息待遇。

6. 合理投资

在学习理财规划师课程之后，小许开始尝试进行一些投资。"我一开始选择了风险较低的基金定投，它每月不需要太多的投入，200元就能做定投之外。"小许建议。刚毕业的大学生除了可以考虑做基金定投，还可以给自己买一份意外伤害类的商业保险。"我身边就有这样的例子。"小许说，"有一个小女孩是个北漂，有一天和同事出去唱歌，可能是喝了点酒，在过马路的时候闯红灯，也没注意到对面的来车，结果结束了生命。她没上过意外伤害类的保险，对于父母而言，就是人财两空了。也许保险不能给予父母精神上的安慰，但这毕竟是一种经济上的安抚，至少这笔保险金能保证父母下半辈子吃喝不愁了。"

年轻人身强体壮，风华正茂，是很有发展潜力的一个群体，其风险承受能力也很强。因此，当有一定积蓄的时候，年轻人可尝试购买一些高风险的理财产品。比如，可参考以下基金投资策略。

一是长期投资。刚毕业的大学生在投资理财方面抱有"一夜暴富"的幻想，然而证券市场一再提醒投资者这是不可能的。市场变化无常，坚持学习投资知识，并且以长期投资来熨平风险，这才是投资取胜的关键。

二是投资组合。对于刚毕业且理财经验不足的大学生而言，在基金投资中容易走两个极端，要么只买一只基金，要么买很多只基金。投资的理论和实践表明，组合投资才是制胜的法宝。大学毕业生应该从战略和战术两个层面对自己的资产进行配置：首先根据自己的风险承受能力，对个人资产做出一个整体性的规划和安排，然后可以根据不同的市场趋势在这个框架下对资产配置进行调整。

值得注意的是，基金在投资运作过的程中可能会面临各种风险，既包括市场风险，也包括基金自身的管理风险、技术风险等。刚毕业的大学生由于收入不高，更要注重风险控制，不能盲目选择与自己风险承受能力不适应的投资品种。

其实，不管是学习理财知识，还是养成记账习惯和学会强制储蓄等，都要注重坚持！如果三天打鱼，两天晒网，不仅之前的所有

努力会前功尽弃,也将难以摆脱"口袋危机"的困扰。

理财的"一个中心,两个基本点"

很多大学毕业生要进入社会,从大学里转入职场中,开始职场生活。刚毕业的大学生,没有积蓄,事业刚起步,衣食住行样样要钱,如何保证"入能敷出"甚至有所节余呢?理财专家认为,不论薪金是高是低,大学毕业生理财都不是一个奢侈话题,而且理财应遵循"一个中心,两个基本点",即以职业规划为中心,坚持保障和增值。

1. 理财的"一个中心"

理财的"一个中心",即以职业规划为中心。职业是大学毕业生收入的主要来源和重要起点,规划好职业,相当于为财富大厦打好了地基。对于一个刚进入社会的大学毕业生而言,最重要的理财规划,不是想着怎么用赚到的一点工资来让钱"生"钱,而是职业设计——通过完善的职业规划逐步提高工作收入,这才是理财根本,也是职场新人的理财规划有别于其他人的重要体现。

面对日趋激烈的求职之战,每个人都或多或少会有危机感,如果不及时充实自己的专业知识很可能会被社会所淘汰。因此有理财师建议,大学毕业生要仔细思考自己的职业目标和实现方法,并从现在开始每月至少拿出收入的 10% 投入自身充电和职业投资中。这一块投资是必要的,也是重要的,应该处于整个理财规划的核心地位。

2. 理财的"两个基本点"

再来看"两个基本点",即坚持保障和增值两手抓。在保障方面,年轻人储蓄少,抗风险能力较弱,不事先做好保障工作,很容易受到意外事故的严重打击。保障包括两个方面:一是保险;二是建立应对突然大额需求的紧急储备金。保险是很多刚毕业的职场新人容易忽视或者说无暇顾及的。但理财专家却不是这样认为。年轻人保险需求不会很高,但基本的医疗保险和意外事故保险是必须的,有了这两个保险,当发生意外时,就可以用最小的支出获取最大的保障。

另外,刚刚踏上工作岗位的年轻人会面对更多不确定的职业因素,跳槽、暂时失业、工作调动等是很常见的事情。同时,他们也会面临更多不确定的大额开支如租房、添置家具、差旅、人情礼等,这些都需要有一个流动性很高的"小金库"的支撑。因此,建议采取流动高的货币基金的形式。

在增值方面,理财专家指出,对于初出茅庐的大学毕业生来说,定期定额投资计划较为有效。

定期定额投资计划类似于银行存款中的"零存整取"。购买并长期持有一定数量的开放式基金,不仅能够获得专业证卷理财所带来的高于银行和国债的利息分红,而且可以有效规避一定的风险。

总之,不要以为攒钱是中老年人的"专利",也不要以为刚出来工作无财可理。有道是,你不理财,财不理你。诚如一位理财成功人士说的:"薪水再少,也要理财;量入为出、不做'月光族';坚

持投入，决不中断。"大学毕业生如果趁早抓住理财的"一个中心，两个基本点"，你也同样可以攒下一笔可观的钱财。

大学毕业生如何制定理财规划

对于刚刚步入社会的大学毕业生来说，求职的历程让他们从心理上初步完成了从精英学子到普通劳动者的转变。大学本科教育实际上只是给自己今后的专业发展打下一个基础，要真正成为某方面的人才，还需要很长时间的积累，而这个积累的过程却是困惑与矛盾并存的。因此，一个合理的理财计划，对于刚刚跨出校门的大学毕业生来说是非常重要的。

我们来看看下面三种收入类型的大学毕业生应该如何做好理财规划。

1. 钱包空空型

有一些刚刚毕业的大学生，参加工作时间不长，收入不是很高，除了交房租、吃饭以及一些应酬，每到月底都是钱包空空。对于此类人来说，当前首要的理财任务是勤俭节约。要按照先聚财、后增值、再购置住房的顺序，调整自己的理财计划。对于此类大学毕业生来说，每月可将余钱存一年定期存款，一年下来，手中正好有12张存单，当然在储蓄时应与银行约定进行自动转存；由于可用资金不多，所以应学习各种理财技巧，积累投资经验，为下一理财阶段做准备。

2. 中低收入型

这一类型的人应以保值为主。定额定期投资是最合适的选择；购买并长期持有一定数量的开放式基金，能够获得专业证券理财所带来的高于银行和国债利息的分红。从个人理财规划来看，保险是理财工具中较具防护性的，它兼具投资和保障的双重功能。对于刚刚踏上工作岗位的人来说，购买一份合适的保险必不可少。

上述两种收入类型的大学毕业生可以根据自己的实际情况，确定不同的理财规划。

养成记录财务情况的习惯

如果没有持续的、有条理的、准确的记录，理财计划是不可能实现的。因此，在开始理财时，详细记录自己的收支状况是十分必要的。要利用记录了解自己每个月的收支状况，然后对症下药，争取把每一分钱都用在刀刃上。

一份好的财务记录是制订合理的理财计划的基础，它可以有效改变现在的理财行为，衡量为接近目标所取得的进步。特别需要注意的是，做好财务记录，还必须建立一个档案，这样就可以知道自己的收入情况、净资产、花销以及负债。

个人财务记录主要是记录过去的各种财务活动以及在这些活动中所产生的各种财务。这些信息是了解现在和预期未来的基础，包

括总资产是多少,负债是多少,净资产是多少,每月收入是多少,支出有多少,剩余有多少等财务状况。

财务状况是否合理等问题是在理财时必须弄清楚的,而个人财务管理可以帮你轻松弄清楚这些烦琐的问题,所以个人财务管理是理财的第一步。那么,如何迈出这关键的第一步呢?

首先,要记录财务情况。记录财务情况就是记账。记账分两种类型:一种是原始财务信息的记录,包括各种发票、商场购物小票、商品保修单等的保存和记录;另一种是非原始财务信息的记录,比如收入、银行存款、股票价值等的记录。

原始财务信息的保存和记录是非常必要的,它是大多数非原始信息的基础,又不完全反映在非原始信息中,比如商品保修单等就不能反映在数量化了的非原始信息中,但对于我们的理财却是至关重要的,这往往被人们忽略。处理原始财务信息的保存记录可以像图书馆处理图书一样,首先分门别类,如分为个人消费记录、金融服务记录、投资记录等,然后按时间顺序记录,每一个类别存放于不同的文件夹,再为所有资料做一个目录,以方便查阅。

非原始财务信息的记录即为通常意义上的记账。非原始财务信息是自己进行了简单的提炼和综合后的信息。我们可以对每笔收入和支出都进行记录,即记流水账。收入应分类别登记,比如工资、稿费、奖金等,支出应进行详细登记。总之,我们要对自己的收支情况有清楚的了解,这样及时总结经验教训并进行调整。

投资赚钱需注意的内容

金融市场瞬息万变,投资的机会和风险总是相伴而生。大学毕业生如何在这波动起伏的金融市场中找到黄金投资法则,实现财富稳健增长呢?下面这几点内容值得我们注意。

1. 养成勤于思考的习惯

如果你正要开始或是已经在思考什么是正确的理财观念,那么你就已经有了一个好的开端。

在投资这项事业上,没有思维上的勤奋,几乎没有成功的可能。只有从思想上领悟到,投资是买入公司的一部分或全部,不是股价的高低变化,你才会去寻找好的公司,并寻找各种渠道去考察公司。总之,先有思考上的勤奋,行动上的勤奋才有价值。不然,就会南辕北辙,离成功越来越远。

2. 投资前先搜集资讯

投资前应该花点时间去问"为什么",并在做投资决定、采取行动之前就搜集好相关的资讯。搜集的资讯将成为你拟订有效投资策略的依据。

3. 学习投资技巧

一是构建投资组合。进入投资市场前必须记住一个基本原则,

即要获得高收益必须承担高风险。如果追求金融资产的安全性，就只能得到较低的收益，因此，构建投资组合的前提是确定你的收益目标和风险水平。一般来说，股票、基金、债券，风险由大到小，收益水平也由高到低。因此，选择适合自己的投资产品组合很重要。

二是避免过度、频繁地操作。过度操作和沉迷于短线则很难积累利润。过多地买进卖出，不仅仅使交易费用上升，还可能导致趋势方向判断出现失误，最终导致心态的失衡和投资的失利。

三是有效利用平均成本法。市场总是波动变化的，投资者很难准确预测到何时才是买卖的适当时机。而有效地利用平均成本法可以解决这一难题。平均成本法也可称为定额定投，是指坚持以较小的金额定期投资。这种方法可避免在错误的时机投入过多资金，而且分期投资也可以起到平摊投资成本的作用。

四是坚持长期投资。坚持长期投资往往比一次投入的风险更小。我们不要盲目地投资当前热门的产品，应该从自身的实际需求出发，做好长期投资规划。同时，不要一味追求高收益的投资产品。投资前需要认真分析家庭现金流、财务状况和未来目标，结合自己的风险承受能力，选择适合自己的投资产品。

4. 对自己进行投资

金钱是要服务于人的，教育投资很好地体现了这一点。你只要贡献你的时间，只要用心去学习，得到的是能伴随你一辈子的知识和技能。

对自己进行投资是很有价值的，当然收获也最多。"艺不压身"这句话非常有哲理。比如，有一个 27 岁的人，已经具有百万的身价，每一分钱都是通过智慧和辛劳赚取的。而他在五年前还是一个穷小子，没有任何背景，不认识任何人，每个月的工资只有 1000 元。他是如何实现这个转变的？最重要的一点就是对自己进行投资，培养自己的无可替代性，也就是说把自身最具优势的特点无限地发挥出来。

大学毕业生理财之最

股神沃伦·巴菲特说："一生能够积累多少财富，不取决于你能够赚多少钱，而取决于你如何投资理财，钱找钱胜过人找钱，要懂得让钱为你工作，而不是你为钱工作。"那么，对于大学毕业生来讲，如何"让钱为你工作"？最能让钱生钱的理财方式是什么呢？下面这几种理财投资方式值得关注。

1. 最能充实投资知识的方式：学习

对于理财，很多大学毕业生认为眼下还早，过两年再说也来得及。有这种心态的人比比皆是，他们要不就认为"财少不用理"，并不注重理财；要不就畏惧风险，以为理财就是投资股票、基金，一不小心就会血本无归。而有的人则有相反的心态，就是认为好不容易手上有微薄的积蓄，就要以小博大。他们认为投资就等于投机赚"快钱"。其实，这两种观点均不可取。刚刚步入职场的年轻人，一定要

树立正确的理财观念，并且有计划、有步骤地实施理财规划。

首先，学习金融理财知识是必不可少的环节。我们要意识到理财是一辈子的事，学好金融知识，打好坚实的基础，越早准备越好。虽然不少的毕业生是80后乃至90后，还很年轻，但是有计划的储蓄也必不可少。有专家曾告诫毕业生："记住'消费 = 收入 – 储蓄'这个简单的等式，在留足储蓄之后再消费。"

另外，在尝试投资的同时，也要摆正心态，不要总想着"一口吃出个胖子"，经验总是累积出来的，应合理地尝试投资，以稳健为主。学以致用，在实践中学习成长，但防控风险的措施一定要做好，比如投入资金量要适中。要记住，学习是首要的，赚钱是次要的。

2. 最快的财富创造方式：兼职

无论是发传单、拉保险、推销信用卡，还是当礼仪，都是非常快的财富创造方式，并且相对做家教而言，更能使自己得到锻炼。在工作之余，大学毕业生们可以通过做兼职来充实生活，这样不仅能积累一些工作经验，还有利于提高应变能力、心理承受能力，拓宽人际关系网，从而丰富人生阅历。但是，在做兼职的时候也要清楚，兼职应以不影响工作为前提。比如一般女生做个推销或者礼仪比较好，男生去做开发信用卡客户的工作相当容易，这样每个星期的收入有两三百元。如果能力较强的话，找个网站兼职或者其他公司的兼职，收入也是相当可观的。

3. 最有效的财富创造方式：节俭

其实，最有效的财富创造方式就是节俭。我们应从大学开始就培养自己的节俭作风，这对自己的未来财富积累将起到很大作用。买东西前想想自己要是买了会经常用吗，少买些饰品类的东西，因为那些很浪费钱的。如果每个星期少吃一次"大餐"，少去一次超市，可以节约一笔钱。

4. 最需动脑、最耗时的财富增长方式：股票

通过买卖股票可以得到以下的好处：智慧的运用，信息的积累，朋友间的讨论，财富的增加。但是股票仍然有可能使你损失金钱，而且可能占用你大量的时间，影响你的工作。大学毕业生炒股，重在体验，不能奢望自己快速致富。现在的大学毕业生投资意识日益增强。大学毕业生炒股，体验炒股的流程，参与投资理财，在一定程度上是值得肯定的。但是投资一定要有度，不能抱着"一定要赚钱"的想法而迷失方向。

5. 最稳定的财富增长方式：基金

相对股票来说，基金最大的好处就是你购买了基金以后可以不必时刻关注它，这对于工作的影响是很小的。现在，很多基金公司都已经与银行合作开办了旗下部分或全部开放式基金定额申购业务。开通之后，只要在每个月存入约定的金额到银行账户，资金会在存入当天自动转换成一定的基金份额。这种基金申购一般每月最低投

资金额在100元到1000元不等，不设最高金额上限，大学毕业生可以每月节省一两百元选择小额申购，在基金市场很好的情况下，一年累积下来，将有一笔不小的收益。如果只花一个小时挑选一个好的基金，然后一段时间内都不用管，等到最后你就可以发现，你的财富真的增长了。

6. 最安稳的财富增长方式：选择各种储蓄方式或购买理财产品

这类财富增长方式需要你用一个晚上来研究哪种储蓄方式可以给自己带来更多的财富。相信算过的大学毕业生都会发现算好的结果会比自己放在银行卡里的活期存款利率高得多。或者选择一种理财产品，这种安稳的理财方式也可以得到比活期存款利率高得多的收益。

7. 最有挑战性的财富增长方式：期货，外汇

这两者是以上所有财富增长类型里风险相对较大的，大学毕业生投资期货、外汇，其所担风险要远远大于获得的利润，如果遇到亏损，肯定要影响正常的工作和生活。如今有很多的期货、外汇模拟比赛，建议如果真的有兴趣或者很想挑战一回，可以借用这个平台先积累一些经验，再进行实战。

8. 最巧妙的财富增长方式：巧借信用卡理财

其实，在理财技巧中，毕业生除了实实在在把钱拿出来投资外，也可以借助一些常见的金融工具，如用信用卡进行理财。

信用卡的免息期除了可以缓解资金流压力，还可以用来延期还款，以带来利息收益。假设消费了 1000 元，但是由于办理了信用卡，持卡人可以在这 50 天以后，也就是还款日再偿还这笔钱，那么在这 50 天里，这 1000 元产生的利息就归自己所有，这样通过灵活运用信用卡的免息期就可以小赚一笔。

除了巧用信用卡的免息还款期，享受信用卡的种种优惠活动也是绝佳的理财方式之一。目前各行信用卡都会推出一些优惠活动，如餐饮、娱乐、购物……涉及生活的各个方面，毕业生可以通过信用卡的优惠活动来达到节约资金的目的。

除此以外，我们常说理财的第一步是要学会记账，了解自己的消费情况，但是很多人都嫌麻烦，不愿意去专门记录自己的每笔消费，那么办理一张信用卡就可以间接获得一个"记账管家"。在每个月的账单日，发卡银行都会寄给持卡人一份对账单，详细记录上个月的消费支出方向和金额。通过这份账单，我们就可以很清楚地知道自己的资金去向，为下一步制订预算打下基础，从而培养自己的理财习惯。

虽然巧用信用卡可以理财，但是有些专家也提醒毕业生，使用信用卡消费一定要量力而为，并且每月必须要准时还款，否则除了要收取利息外，还会影响到个人信用记录。

总之，刚刚毕业的大学生虽然在理财上处于"菜鸟"级别，更有部分人在若干年后甚至沦为"卡奴"、"月光族"，但只要运用上述理财方式，就一定能赢在理财的起跑线上。如果能在理财过程中总结经验，积累足够的智慧，说不定你就会成为下一个"沃伦·巴菲特"！

第九章 掌握秘诀构建人脉网络

大学毕业生需要工作，社会更需要大学毕业生。这是一个不争的事实。为什么许多大学毕业生找工作艰难？一个重要原因，他们没有好的人脉网络。事实上，人脉是一个人获取财富、成功所必需的条件。如何拓展人脉，经营好关系资源呢？本章内容所总结的拓展人脉的方法，对大学毕业生构建人脉网络会大有帮助。

经营人脉是你人生成功的开始

对于初入社会的大学毕业生来说，专业是就业的法宝，人脉是走向成功的秘密武器。事实上，一个人能否成功，不仅在于他知道什么，还在于他认识谁。由此可知，要提升自己的竞争能力，取得成功，需要经营人脉。因为财富的积累最初是靠本领，然后靠资本，最后靠的是资源的整合与人脉的经营。

初入社会的大学毕业生要想取得成功，不仅提高能力，还要经营人脉，要善于整合内外部资源，使其效用最大化。如何以自然的、有创意的、互利的方式去经营人脉呢？一般来说，要从以下几个方面来努力。

1. 把握机会，建立关系

要想拓展人脉，首先是培养自信与沟通能力，其次是培养适时赞美他人的能力。其实，每个人都有一套累积人脉的方式，但是，到底要如何才能有效率地提升人脉竞争力呢？其实提升人脉竞争力有许多技巧，但是，前提是一个人必须先具备自信与沟通能力。只有这样，才能抓住与他人沟通交流的机会。一个没有自信的人，总是怕被拒绝，因此，他不愿主动走出去与人交往，更别说要拓展人脉了。因此，想成为一名成功的人士，你就要善于把握机会，努力去培养人脉资源与关系。

其实，有许多拓展人脉的机会就在你身边，但你可能总是平白地让它流失。如在婚宴场合，你可以在出发前先吃点东西，并提早到现场，因为那是你认识更多人的机会；在外出旅行过程中，也要善于沟通与交流，主动与他人交朋友等。

2. 考虑长远，注重价值

在拓展你人脉关系的过程中，要注意人脉的深度、广度和关联度。人脉的深度即人脉关系纵向延伸的情况，达到了什么级别；人脉的广度即人脉关系横向延伸的情况，范围（区域与行业）有多广；人脉的关联度指人脉关系与个人所从事行业的相关性。人脉资源既要有广度和深度，又需要有关联度。需要说明的是，千万不要有人脉"近视症"，要广泛结交身份、职位等不同的人。

3. 掌握技巧，拓展人脉

一是善于赞美他人。面对不同的朋友，要懂得以较低的姿态去与对方沟通交流，善于发现对方的优点并赞美他。因为人们都希望得到别人的尊重和欣赏。

二是尊重他人的自尊心。常言道："树怕剥皮，人怕抓脸。"在人际交往中，"面子问题"是很重要的。如果你对面子问题不重视，那你很可能不受欢迎；如果你只顾自己的面子，不顾别人的面子，那你同样不会受欢迎；如果你伤及他人的面子，后果往往会很严重。因此，不要做伤害对方自尊心、不给对方面子的事。

三是要彼此信任。信任是一种人格力量，是超越金钱的友情，是你对他人的了解与欣赏。信任是相互之间的一种心灵感应，是做人的脊梁。

一个人要想得到别人的信任，首先要信任别人，并在与人交往的过程中，用信任的态度去对待别人。俗话说，路遥知马力，日久见人心。只要你做事光明磊落，待人诚恳，即使别人当初不信任你，慢慢地也会对你产生信任感。

信任是一扇由内而外打开的"大门"，它无法由别人从外面打开。所以，不要责怪别人不信任自己，不要要求别人信任自己，只有自己努力才能赢得别人的信任。

4. 把握法则，悉心经营

一是互惠互助。所谓"赠人玫瑰，手有余香"说的就是这个道理。如果我们只想拥有而不想给予，那我们是自私的人。而自私的人不会拥有真正的朋友。要主动地去帮助对方，并且不要拒绝朋友的帮助，人们有时是越帮忙越近，越不好意思越远的。

二是与人分享。分享是一种很好的经营人脉网的方式，你分享的越多，你得到的就越多。你分享的东西对别人是有用的，别人会感谢你；你愿意和别人分享，别人会觉得你是一个正直、诚恳的人，就愿意与你做朋友。当你愿意拿出你的智慧和力量与朋友分享时，你就拓展了自己的人脉。

5. 善用人脉，赢得成功

如果光有专业，没有人脉，那么个人竞争力就是一分耕耘，一分收获。但若加上人脉，个人竞争力将是一分耕耘，数倍收获。

哈佛大学为了解人际交往能力对一个人的成就所起的作用，就曾经针对贝尔实验室顶尖研究员做调查。他们发现，被大家认同的杰出人才，专业能力往往不是重点，关键在于其，会采用不同的人际策略。哈佛学者分析，当一位表现平平的员工遇到棘手的问题时，会努力去请教专业人士，之后却往往因没有回音而苦恼。而顶尖人才则很少碰到这种问题，因为他们在平时就已经建立了丰富的资源网，一旦有事请教立刻就能得到答案。

总之，大学毕业生必须学会提升自己的人脉竞争力，从而在竞争激烈的社会中获取快速的发展。

大学毕业生构建自己人脉圈子的途径

一般来说，圈子能够为我们提供这几种基本资源：人脉资源、信息资源、品牌资源。因此也有人说，圈子就是个人资源与社会资源进行交换、整合、匹配的"魔方"。古人云："物以类聚，人以群分。"人生在世，每个人都无法避免地生活在圈子当中。因此，每个人一生中都在不断地从一个圈子走向另一个圈子，在扩大自己人脉圈的同时不断地构建新的圈子。圈子越来越多，意味着人与人之间的接触越来越频繁，社会关系越来越开放和多元化。

事实上，圈子并不是现在才有的。无论在哪个社会，在人生漫长而艰辛的征途当中，任何人都不能仅靠自己的力量，独自走向终点。人需要情感上的相互理解，需要尊重、信任和温暖，需要亲情、爱情、友情的支持。同时，人的生存和发展也离不开与他人的合作。

初入职场的新人常常会有这样的担心："我人微言轻，又无经验，所谓的人脉不就是互相帮忙吗？我帮不上别人的忙，人家凭什么要来和我打交道呢？"其实，这种想法真是大错特错。比如分享知识，你的专业知识有时能帮上很多人的忙；分享资源，包括物质的和朋友关系方面的资源均可与他人分享；分享爱心，如果实在帮不上忙，表示真诚的关心，别人也会铭记在心。人脉资源的积累是伴随着你的成长一起升级的。因此，我们要积极维护所有的人脉关系，而最简单的办法就是利用工作途径，把工作中所有认识的人都变成自己的人脉。

作为一名大学毕业生，学习和借鉴成功人士构建人脉圈子的方法，才能够获取圈子提供的机会、信息、人脉，才能够拥有这个圈子给你带来的发展平台和品牌价值。事业有成的人构建自己的人脉圈子的方法各不相同。那些善于经营职场人脉资源的人的很多方法值得刚刚毕业的大学生借鉴。

1. 结识你身边的人

我们都是社会人，每一个人都有社会人脉圈子。构建人脉圈首先从和身边亲人的接触和积累开始，然后再慢慢到老师、同学、朋友、老乡、校友、同事，最后再突围到更大更高端的圈子。其中，因为熟悉和了解，来自身边的人脉圈子，往往是最牢固可靠的圈子。亲戚、老乡、同学、同事等，都可能成为你事业发展中的"贵人"。

一位刚刚毕业的大学生，找了、试了很多份工作，都没有成功。有一天，他在网上看到有一个跨国公司的中国区的人事部门正在招聘一个职位，他感觉自己在各方面都很适合这个职位，但是考虑到这个职位应聘的人很多，仅靠自己的力量单枪匹马地去竞争，成功的概率可能会很小，所以他就开始思考其他方法。

就在他为此发愁时，他的一个朋友帮助了他。这位朋友说在校友录上曾看到有一位学长就在这个公司任职，并且还是公司的高层，

于是他有了主意。

他连夜写了一封电子邮件,发给了那位从未见过面的学长。在信中他说自己是××大学的应届毕业生,同时强调了自己和对方的校友关系,并希望学长能给他一次机会,信件的最后还附有一份自己详细的个人简历。

对方是高层,而且也从未见过面,所以对于这封信是否会有效果,他并没有抱多大希望。他想,即使那位学长真的会给自己回信,最多也不过是说一些高高在上的客套话,绝对不会给他什么具体的答复。

但是,想不到的事发生了。第二天,他就看到了对方给他的回复,而且结果也大大超出了他的意料,让他惊喜得有点不敢相信——信里说让他在第二天直接参加面试,在信的结尾,对方还给他写了一些祝福语。

最后,他通过自己的出色表现征服了面试官,取得了那个职位。

需要强调的是,大学毕业生需要明白,你在一家公司工作最大的收获不只是你赚了多少钱,积累了多少经验,还包括你认识了多少人,结识了多少朋友,积累了多少人脉资源。因为这种人脉资源在你离开公司之后,还会继续发挥作用,成为你无形的资产和财富。

2. "小人脉"不花力气花心思

什么叫"小人脉"呢?举个例子,也许你所做的工作比较琐碎,结识的人是送水、送复印纸的供货商。但只要你是个有心人,这些人一样可以转化成你的资源，以备不时之需。特别需要提醒的是，这种"小人脉"，多半不必费心维护，只需花心思建立个清晰的数据库便可。

3. "大人脉"可以先从聊天开始

什么叫"大人脉"呢？"大人脉"指的就是客户。当你在职场经营人脉感到为难时，就从客户入手。有的办公室资深员工上班时不大动笔，没事就翻着两沓名片打电话。对比他资历高的，就汇报汇报工作、生活情况；对平辈的，则东拉西扯，聊聊天。他的人脉，就靠千百次的聊天维系。一有需要，就会有很多人为他提供方便。比如有时候跟老板出去见客户，拿四五张名片，等于废纸，因为在项目谈成之前，你是很难跳过老板与客户进行交流的。但等到项目谈成后，老板通常不会自己跟进，这时，就是你与客户建立关系的最佳时机。项目结束后，在与客户交往时，你可以以推荐人的身份出现："我朋友有个项目，我觉得你们比较合适，是不是可以找个时间聊聊？"这样既帮朋友拓宽了选择面，又替客户搭上了线，也丰富了自己的人脉资源。当然，也有人不喜欢这样的"无事聊天"。你跟他东拉西扯，就算不忙，他也会频频看表："有事讲一声，我总会帮你，这么啰唆干吗？"所以，构建人脉也要视个人喜好而定。

4. 结交关键和重要的人物

有一句著名的格言："重要的不在于你懂得什么，而在于你认识

谁。"很多时候，结交关键的人物对你的职业发展大有裨益。

认识关键和重要的人物，当然首先要开放你自己，从各种渠道入手，而不是仅仅局限于你经常所接触的圈子。比如可以争取以志愿者等身份参加学校各种重要活动、成功人士讲座、校外的会展等；也可以争取到一流的大公司实习，通过职业交际结识更多杰出人士。

5. 以开放心态接触陌生人

我们每一个人都渴望获得额外的帮助，尤其是在用尽自己的资源依然难以取得成功的情况下。但是，如果我们对于接触陌生人和外界社会抱着排斥而非开放的态度，又怎么可能有意外的收获呢？

有一个人从加拿大一所大学毕业后，就在加拿大某咨询公司从事企业咨询工作。后来，他离开了这家公司。他之所以会改变职业轨迹，完全是因为一次出差途中飞机上的偶遇。他在飞机上遇到了一个似乎在过去聚会中见过的人。随后，他主动过去打招呼，一番寒暄过后，两人开始交流工作和生活。这个朋友正担任多伦多一家银行的人事部经理，在了解了他的性格和能力后，主动邀请说："你很优秀，不知道有没有兴趣到银行工作？我们银行正需要一位你这样的高级客户经理。"后来，他加入了这家银行，并担任高级客户经理，主要负责电信业和矿产业，协助这些企业做融资业务。在这家银行的两年中，他为今后在金融行业发展打下了坚实的基础。而这次机会正是来自于一次跟陌生人的"偶遇"以及他本身的社会交往能力。

当然，这里所说的对陌生人要保持开放心态并不等同于要轻易相信陌生人，或者到处滥交朋友。这是大学毕业生们需要弄明白的。

6. 要有自信与沟通能力

每个人都有一套累积人脉的方式，但是如何才能有效率地提升人脉竞争力呢？前提是一个人必须先具备自信与沟通能力。

一个没有自信的人，舒适圈很小，总是怕被拒绝，因此，不愿主动走出去与人交往。比如在鸡尾酒会或婚宴场合，很多人在出发前，都会先吃点东西并提早到现场。因为，那是他们认识更多陌生人的机会。但是一些缺乏自信的人在这种场合会有些害羞，并会尽力找认识的人交谈，甚至是几个好朋友约好坐一桌，以免碰到陌生人。

沟通能力则表现为了解别人的能力，包括了解别人的需要、渴望、能力与动机，并给予适当的反应。而倾听则是了解别人最佳的法宝。红顶商人胡雪岩曾经这样写道："不管那人是如何言语无味，他都能一本正经，两眼注视，仿佛听得极感兴趣似的。同时，他也真的是在听，紧要关头补充一两语，引申一两义，使得滔滔不绝者有莫逆于心之快，自然觉得投机而成至交。"

除了倾听，适时赞美别人也是沟通的好方法。美国钢铁大王卡内基在1921年付出100万美元的超高年薪聘请夏布为首席执行官时，许多记者问卡内基："为什么是他？"卡内基说："因为他最会赞美别人，这也是他最值钱的本事。"

7. 参加相关机构的培训

有的大学生在校期间就参加了职业培训。而有的培训机构在各高校成立的求职社团与很多知名企业都有合作。参加这个培训的成员都将获得至少五次内部推荐知名企业的机会，并有机会认识很多业内知名人士。

总之，毕业生找工作就应该主动。现在大学毕业生一年一年增多，竞争越来越激烈，要想在求职中取得竞争优势，就更应该主动出击，尽可能通过多种途径来拓宽自己的求职渠道。

8. 一定要维护好脉圈

构建了自己的人脉圈之后还需要维护好脉圈。美国总统罗斯福曾说："成功的第一要素是懂得如何搞好人际关系。"那么如何维护和管理好我们的人际关系网络？这是一门复杂的艺术，这里有几个建议：

一是填写记录卡片。经常记录在各种活动中结交的人，不要只写下名字，或者把名片收好就行了，还要写下你对他们工作最感兴趣的方面以及他们感兴趣的东西，包括一些特别的事物。虽然没有多少细节，但需要的时候，它肯定能发挥出很大的作用。

二是特殊日子的祝福。小事也可以有大影响，在熟人特殊的日子送上一条短信、一封电子邮件等都能获得对方的好感。特殊的日子包括生日、婚礼举行日、升职日等。当然，在别人处于困境的时候，你也不要忘记给一句祝福和鼓励。

三是保持沟通和会面的渠道。与同行每个月在聚会上碰面，得到不少免费的内部消息；与朋友能够保持见面和交流的渠道，你会发现往往彼此的感情因此而不"褪色"。

总之，广阔的人脉网络是一个人通往成功的必不可少的外围支持。而掌握经营职场人脉的方略，就能在职场中最大限度地享用人脉资源。而且，无论你将来从事什么样的职业，职场人脉资源都是你最大的财富！

成功构建人脉网络的十项原则

构建人脉网络的重要目的在于：增加自己的"能见度"，让别人认识你；掌握一些最新的消息与观点；了解相关产业的人事动态；找到职业生涯中更上一层楼的机会。

下面为所有大学毕业生整理出成功构建人脉网络的十项原则，帮助大家在事业中更上一层楼。

1. 确认人脉资源，有效管理名单

一般人的人脉关系可以分成以下三种类型：个人网络，包括你的家人与朋友，或是与你最亲近的人；社会网络，即你时常联络或是比较熟识的人，如你之前任职单位的同事或是主管等；专业网络，例如专业协会、俱乐部、校友会等组织的成员。

写下你现有的人脉资源，包括以上提到的三种类型。回头翻阅

你的电话簿或是名片本,把所有你能想到的人全部都列出来。通过这份人脉资源名单,可以看出自己的人脉关系组合特性,了解哪些地方有所不足,必须加以改进。最后,再想想哪些人未来有可能成为你的人脉资源,也把名单列出来。

为了更有效地管理自己的人脉关系,可以利用信息科技。目前有许多的计算机软件,都有通讯簿管理功能。除了输入个人的基本资料外,最好加上兴趣嗜好、专长、人格特质等有助于你认识这个人的资料。然后依据职业类别或是其他的条件加以分门别类,方便日后的查询。

2. 克服害羞的个性,建立自信

建立人脉最有效的方法就是主动认识别人,和对方谈话,不要害怕被拒绝或是觉得不好意思。

对于个性较为内向害羞的人,专家给出以下建议:

一是改变不正确的想法。你可能认为自己是有求于对方,感觉没有面子,或是害怕惹人厌、遭到对方的拒绝。不要忘了,建立人脉的目的是认识别人、取得信息,不是要求对方介绍工作给你,所以这样的顾虑是不必要的。

二是找出最让你感到不自在的原因。举例来说,如果你害怕在不认识的人面前介绍自己,可以找你最要好的朋友帮忙练习,直到你能自信而自在地与不认识的人开口说话。

三是事先准备好可以交谈的内容。你可能因为不知如何与陌生人聊天而感到不自在。只要先做好功课,想想最近有哪些热门话题。或是,如果可能的话,事先了解对方的背景或相关资料,这样就不用担心无话可说。

四是设定具体目标,确实执行。你可以设定具体的目标,例如每星期应该打几通电话、有几次会面、参加什么样的活动,要求自己一定要确实达到目标。此外,必须随时记录,定期追踪成果。

建立自信心最有效的方法就是从你最熟悉的人开始,训练自己建立人脉的技巧。但是不要过度依赖亲近的朋友,你必须不断地扩展自己的人际网络,认识不同的人。

3. 了解自己的沟通模式,取长补短

只有多了解自己,才能善用自己的优点,弥补自己的缺点。你是否喜欢遇到新的朋友?是否喜欢参加社交活动?在别人面前,你是否可以很有自信地谈论自己的优缺点?你是不是比较喜欢通过电话或是信件的方式与人沟通?

一项调查的结果显示,关于对方的说话内容,我们通常只记得7%,但如果加上肢体语言的部分,比例则高达55%。换句话说,面对面的沟通是最有效的。如果你过去习惯通过电话或是信件与人沟通,应该立刻改变方式。

另外,外向的人可能会认识许多新的朋友,搜集到最多的名片。而内向的人认识的新朋友可能不多,但是对于每一个人有较深入的认识。如果你很清楚自己的性格特点,应有效发扬自己的优点,改

正缺点。

4. 人脉关系多元化，增加机会

不妨想一下，你所认识的人是否都和你很像？你们的背景是否很类似？对于很多事情的看法你们是否都很一致？如果你的回答是肯定的，可要注意了，这样只会让你的生活圈越来越狭小，机会越来越少。

你应该接触不同专业领域、不同成长背景、不同国籍、不同年龄层的人。你认识的越多，代表着拥有的机会越多，你或许可以因此找到新的工作。

另外，这也有助于个人的成长。当我们长期固定身处在某个领域当中，我们的思考模式就会变得僵化而单一，习惯于现状，变得不愿意接受新的挑战或是机会。在目前竞争激烈的环境中，一旦失去进取精神，也就失去了优势。认识不同的人，可以带给你新的刺激、新的观点，让你更加了解外在环境的变化，强化自己的调适能力。

5. 准备好自我介绍，10秒就好

对话的前30秒是最重要的，决定了接下来双方是否还能继续对话。你必须把握这段时间好好介绍自己，建立对话的基础。所以平时就应该先准备好简短的自我介绍内容，这样随时可以派上用场。

介绍的时间最好不要超过10秒钟，内容包括你自己以及工作的内容，尽量提到可以给对方留下深刻印象的内容。除了介绍自己的

职业和工作内容外,最好提及工作上的具体成绩。不要感到不好意思,要自信地表现自己,给予对方深刻的印象。

此外,依据场合的不同,可以适度修改自我介绍的内容,但是目的是一样的:让对方记得你。

6. 参与社交活动,扩展人脉

有时候主动联络却被对方拒绝可能会让你感到沮丧或是失望,不过参与社交活动通常不会有这种负面的感受。担任义工也是建立人脉的有效渠道之一,只要时间允许,可以到相关的非营利组织或是协会义务帮忙,例如,如果你的专长在财务领域,可以义务担任公益组织的会计。这样不仅可以建立自己的人脉,更可以展现自己的专业能力。

7. 保持轻松,主动开启对话

在任何场合,都要主动找机会和人谈话,不要只是站在角落等着别人来找你。如果你看到有几个人围在一起谈论,可以站在这群人的周围,这样必定会有人注意到你,邀请你加入。

当然,你必须事先想好一些适合谈话的主题。参加任何社交活动之前,一定要了解活动的目的与内容。出发前想想最近有哪些热门的话题,适合作为开场白。要避免谈论容易引起争议或是敏感的话题,例如政治等。

此外,如果你表现得太过紧张或是严肃,只会让对方感到不自在,

自然无法继续谈话，甚至有可能因此而丧失继续往来的机会。到了现场，要保持轻松的态度，享受当时的气氛。

8. 懂得聆听，提供协助

和对方谈话时，不要四处张望，更不要和每一位经过的人都打招呼或是不时地看着手表。即使这段对话对你来说可能没有任何帮助，你还是要全神贯注，不要让对方产生不好的印象。

要注意聆听对方的话，找出他们可能需要帮忙的地方，也许你可以帮助他们。

9. 随身携带名片

名片是建立人脉关系最有效的工具之一。可别小看一张小小的名片，当中包含了许多有用的信息：你是谁，在哪工作，你的职务是什么，你的联络方式。简单地说，名片就是你个人的行销档案。

使用名片时，不要见到一个人，就立刻递出名片，应该在简短的交谈之后，再递出名片。当然，如果是参加会议或是商业会面，应该在一开始时就递出名片。

最好随身携带两个名片盒，一个装自己的名片，另一个则用来装收到的名片。这样可以避免当你要递出名片给对方时，却拿出别人名片的尴尬场面。

另外，要为自己设计独特的名片，包括版式设计、纸张、印刷品质，一定要凸显自己的特色，以吸引对方的注意。

名片的管理也很重要，除了利用名片本存放纸本名片，最好将所有名片的资料输入计算机中，可以利用名片扫描软件加快速度。不论是名片本还是计算机数据库，都必须依据自己的需要分门别类，方便日后的搜寻。

10. 建立人脉是持续的过程

许多人认为建立人脉就是四处搜集名片，然后一一打电话向对方求一份工作。实际上建立人际关系不等同于求职。人际关系的建立是一个持续的过程。

经过第一次的接触之后，记得利用电话或是电子邮件表达你的感谢，也可以写一张感谢卡给对方，在感谢的同时，也要让对方了解你会与他持续保持联络。

后续联系的目的主要是让对方了解你的最新状况，并取得最新的信息。如果你真的重视建立人脉网络，你就会随时随地找寻机会，而不是只有在特定时候或是紧急的时候才想到对方。

本着交往原则对待你周围的人

处理人际关系是职业生涯中一个非常重要的课题，特别是对刚刚毕业的大学生来说，良好的人际关系是舒心工作、安心生活的必要条件。如今的大学毕业生，绝大部分是独生子女，刚从学校里出来，自我意识较强，来到复杂的社会大环境里，更应注重处理好人际关系。

处理好人际关系的关键是要意识到他人的存在，理解他人的感受，既要满足自己，又要尊重别人。这里有几个重要的处理人际关系的原则：

一是处理人际关系的真诚原则。真诚是打开别人心灵的金钥匙，因为真诚的人使人产生安全感，减少自我防卫意识。有时越想处理好人际关系，就越要把自己真实想法与人交流。当然，这样做也会冒一定的风险，但是完全把自我包装起来是无法获得别人的信任的。

二是处理人际关系的主动原则。主动对人示好，主动表达善意能够使人产生受重视的感觉。主动的人往往令人产生好感。

三是处理人际关系的交互原则。人们之间的善意和恶意都是相互的，一般情况下，真诚换来真诚，敌意招致敌意。因此，与人交往应以良好的动机为出发点。

四是处理人际关系的平等原则。任何好的人际关系都让人体验到自由、无拘无束的感觉。如果一方受到另一方的限制，或者一方需要看另一方的脸色行事，就无法建立起良好的人际关系。最后，还要指出，好的人际关系必须在人际关系的实践中去寻找，逃避人际关系而想得到别人的友谊是不可能实现的。

在工作中，我们会面对不同的人，应该本着怎样的交往原则去对待你周围的人呢？

1. 对上司，先尊重后磨合

任何一个上司，干到这个职位上，至少有某些过人之处。他们丰富的工作经验和为人处世的方略，都是值得我们学习借鉴的。我们应该欣赏他们精彩的过去和骄人的业绩。但每一个上司都不是完美的。所以在工作中，唯上司命是听并无必要，但也应记住，给上司提意见只是本职工作中的一小部分，尽力迈向新的台阶才是最终目的。要让上司心悦诚服地接纳你的观点，应在尊重的氛围里，有分寸地表达。不过，在提出质疑和意见前，你一定要拿出详细的足以说服对方的资料计划。

2. 对同事，多理解慎支持

在办公室里上班，与同事相处得久了，对对方的兴趣爱好、生活状态，都有了一定的了解。作为同事，我们没有理由苛求人家为自己尽忠效力。在发生误解和争执的时候，一定要换个角度、站在对方的立场上为人家想想，理解一下人家的处境，千万别情绪化，把人家的隐私抖出来。任何的背后议论和指桑骂槐，最终都会使你在贬低对方的过程中损害自己的大度形象。同时，我们对同事则必须要慎重支持。支持意味着接纳人家的观点和思想，而一味地支持只会导致盲从使领导认为你们在拉帮结派。

3. 对朋友，善交际勤联络

俗话说得好：树挪死，人挪活。在现代的社会，多交一些朋友很有必要，这样你会了解许多自己不知道的信息。因此，空闲的时候给朋友挂个电话、写封信、发个电子邮件，哪怕只是片言只语，朋

友也会心存感激,这比邀上朋友吃一顿更加贴心。

4. 对竞争对手,不妨友好一笑

在我们的工作和生活中,处处都有竞争对手。许多人对竞争者处处设防,更有甚者,还会在其背后冷不防地"插上一刀"。这种极端做法只会加深彼此间的隔阂,制造紧张气氛,对工作无疑是有百害而无一益。其实,在一个集体里,每个人的工作都很重要,任何人都有可爱的闪光之处。当你超越对手时,没必要蔑视人家,别人也在寻求上进;当人家在你前面时,你也不必存心添乱,只需迎头赶上。无论对手如何使你难堪,千万别跟他较劲,而要友好地对他微笑,先静下心干好手中的工作,说不定他在生气时,你已取得出色的业绩。

在新单位如何建立人际关系

到新单位的开头一段时间,对以后能否建立良好的人际关系,能否顺利地开展工作,有着重要的意义。对大学毕业生来说,要想在新单位建立良好的人际关系该如何表现呢?具体应遵循以下做法。

1. 不要锋芒太露

如果你很有才华,在某些方面又有一技之长,请先不要急于露出锋芒。一个人到一个新单位,就像一粒石子投入一潭平静的池水,往往会引人注目，你的一举一动，一言一行，都在别人的眼中。

锋芒太露的表现主要有两种：一种是动不动就提意见，发表议论，出点子，想方设法要改变原有的运行机制，更新原有的工作方法；另一种对自己看不惯、别人却早已习惯的事情进行批评和指责。这两种表现在别人看来，都是为了显示自己的高明。实际上，很多时候，你的想法未必可行。即使你确实比别人高明，确实有好的新的点子，也不要急于表现，可以待人际关系基本协调后，再提出不迟。

2. 表达倾向要含蓄点

一是不要倾向于公司的某个小团体。有些单位往往存在着种种矛盾和一些小团体。有的小团体之间界限很分明：团体内无话不说，而团体外闭口不谈，有些单位的小团体还与××领导有千丝万缕的联系。假如到了这样的新单位，一进去就旗帜鲜明站在某一方，那就马上会遭到另一方的不满甚至排斥。所以你要保持中立，认真工作，展现自己的才华和能力。即使有时要表达自己的倾向，也要注意措辞和态度。

二是不要偏亲个别领导。新到一个单位，人生地不熟，想找一些人谈谈，寻找共同的语言，特别是有影响力的领导，这是人之常情，但必须与之保持距离，不能交往过密。不过分亲近领导，保持一定的距离，也是一种有个性、有独立能力的表现。当然，也不要故意疏远领导。

3. 少计较得来

在待遇上不计较，在工作上不挑剔，这是任何人在任何单位都要做到的，尽管事实上并不是人人都能做到。但作为一个初到新单位的人，必须努力做到，以给大家留下良好的第一印象，为以后的工作和人际交往铺好道路。倘若一到新单位你就东挑西挑，那无疑是给了人家一个不良的印象。这样可能会影响你今后的职业发展。

4. 保持积极的作风

由于初来乍到，有的人可能一时还没安排好工作，有的人可能一下子还进不了角色。如果你感到没事可做，那也不要表现得自由散漫。没事做时，你或者可趁这个时机好好读点专业书，或者抓紧练练自己的基本功，或者主动帮助别人做些杂事等。

要注意的一点是，在言行举止上要充满朝气和活力：走，脚步要大些快些；说话时要声音响点，不要懒洋洋地说，慢吞吞地踱；穿着上也不能松松垮垮，穿着拖鞋等是绝对不能出现在工作场合的。总之，要给人利索、敏捷、积极向上的感觉。

5. 用好心态建立好的人际

在日常工作中我们不妨注意把握以下几个方面，来建立融洽的同事关系。

一是以大局为重，多补台少拆台。对于同事的缺点如果平日里不当面指出，一与外单位人员接触时，就对同事评头论足、挑毛病，甚至恶意攻击，会影响同事的形象，长久下去，对自身形象也不利。同事之间由于工作关系而走在一起，因此就要有集体意识，以大局为重，形成利益共同体。特别是在与外单位人接触时，要有"团队形象"的观念，多补台少拆台，不要为自身小利而损害集体大利。

二是对待分歧，要求大同存小异。同事之间由于经历、立场等方面的差异，对同一个问题，往往会产生不同的看法，因此引起一些争论，一不小心就容易伤和气。因此，与同事有意见分歧时，首先不要过分争论。客观上讲，人接受新观点需要一个过程，主观上讲，人们往往还有"好面子"、"争强夺胜"的心理，彼此之间谁也难服谁，此时如果过分争论，就容易激化矛盾而影响团结。其次不要一味"以和为贵"，即使涉及原则问题也不坚持、不争论，而是刻意掩盖矛盾。面对问题，特别是在发生分歧时要努力寻找共同点，争取求大同存小异。实在不能达成一致时，不妨冷处理，表明"我不能接受你们的观点，我保留我的意见"，既让争论淡化，又不失自己的立场。

三是对待升迁、功利，要保持平常心，不要忌妒。许多同事平时一团和气，然而遇到利益之争，就当"利"不让。或在背后互相说坏话，或忌妒心发作，说风凉话。这样既不光明正大，又于己于人都不利，因此对待升迁、功利要时刻保持一颗平常心。

四是与同事、上司交往时，保持适当的距离。在一个单位，如果几个人交往过于频繁，容易形成表面上的小圈子，让别的同事产生猜疑心理。因此，在与上司、同事交往时，要保持适当的距离，避免形成小圈子。

五是在发生矛盾时,要宽容忍让,学会道歉。同事之间经常会出现一些磕磕碰碰,如果不及时妥善处理,就会形成大矛盾。俗话讲,冤家宜解不宜结。在与同事发生矛盾时,要主动忍让,从自身找原因,换位为他人多想想,避免矛盾激化。如果已经形成矛盾,自己又的确不对,要放下面子,学会道歉,以诚心感人。退一步海阔天空,如有一方主动打破僵局,双方就会发现彼此之间并没有什么大不了的隔阂。

6. 注意交往细节

一是不过问别人隐私。不要轻易打听别人的隐私,诸如生活状况、感情纠葛等,除非对方主动向你说起。即使是好朋友都应该保留彼此的空间,更何况是同事呢?过分关心别人的隐私是一种无聊、没有修养的低素质行为。

二是不把个人情感带入办公室。你有自己的好恶,但要记住不要把这种个人好恶带入办公室中。因为你的同事的喜好可能与你相同,也可能与你全然不同。对于与你看法不一致的,你应保持沉默,不要妄加评论。

三是说话要有分寸。因为大家都不熟悉,所以说话的时候必须注意分寸,不能想说什么就说什么。在每说一句话之前,都要先考虑一下是否合适。在不同的场合,对不同的人,有很多话是不能随意说的,否则可能会带给你想不到的麻烦。

四是经济上分清楚。和同事们一起活动,最好采取AA制,这样大家心中都没有负担，经济上也都承受得起。千万不可小气，把自己的钱包捂得很紧，这样会被别人看轻，其实偶尔吃点亏也没什么大不了的。

五是积极参加集体活动。在闲暇之余，与同事们一起出去娱乐，比如唱歌、郊游、跳舞等，这不仅能增进彼此的了解，也能让你获得更多的快乐，更有助于培养和谐的人际关系。

五招帮助你提高社交技巧

大学毕业生要想走好步入社会的第一步，除了自身必备能胜任工作的能力和相关学科知识外，还需要掌握社交方法，提高社交技巧。想成为社交高手，需要学习很多东西。下面有一些社交技巧，如做点让他人"意外"的小事，赞美他人，懂得换位思考等可供参考。

1. 做点让他人"意外"的小事

德国一家银行的广告闻名全球。它是这样的："你过你的日子，我们为你照顾细节。"细节是什么？它往往是让人们感到意外的小事。据说，此广告发布后，这家银行的可信度大大提高。对于很多人来说，那些非常关注细节的人，能够适时做点让他人感到意外的小事的人会使人们非常放心。做点让他人感到意外的小事，是丰满自己形象的一个重要招数。

2. 赞美他人

每个人，包括那些地位低下的人和自卑感强的人，都有令他们感到自豪的地方。这些使他们沉醉的"闪光点"可能非常小，小到只有他本人心里清楚，甚至连他本人也没发现。这些"自得小作"有可能是擅长做一道美味的糖醋鱼，擅长折叠各种各样的纸飞机，对民间故事挺有研究等。假如你对他们的这些小小的优点予以称赞，肯定会令他们兴奋的。要知道，从获得人缘这个角度来说，称赞小小的优点比夸奖人人皆知的优点更有效果。

3. 记住他人随意说的话

有些话语说过了，不多久，言者就会忘了，或者不再去留意它了。这种随意说出的话语很有文章可做。假如你适时适地提起他以前说过的话，如"你曾说过……我还记忆犹新"，对方一定会因为受到你的重视而兴奋，并认为你是一个细心的人，一个非常关心他人的人。

4. 懂得换位思考

有这样一个人，他从九岁起便经常跟随父亲去钓鱼。他经常玩得很开心，唯一让他有点失落的是，父亲总能钓到很多鱼，而他总是收获甚少。父亲告诉他："孩子，如果你想钓到鱼，就得像鱼那样思考。"他很不解地问："我不是鱼，怎么能像鱼那样思考呢？"

随着年龄的增长，他渐渐明白了父亲话语的真正含义，父亲是让他试着了解鱼的习性和需求，学会换位思考。因此，他决定好好研究一下鱼类。他去图书馆找了一些相关的书籍来阅读，甚至还加入当地的模拟钓鱼俱乐部，开始参加他们每月一次的聚会。通过这些他学到了很多东西，对鱼的了解也越来越多，对钓鱼也越来越擅长。

后来，他进入职场。老板对他说："在我们公司，虽然每个人都有不同的职务和责任，但是事实上，我们大家都是在做销售。所以，我们都需要学会像推销员那样思考问题。"于是他开始参加销售研讨会，并读了大量有关销售方面的书，后来他发现研讨会和书里所讲的都是"一流推销员的思维方式"。他认为那些培训师和图书作者并没有抓住问题的关键。因为他始终记得父亲说过的话："如果你想钓到鱼，就得像鱼那样思考。"于是，他并没有像推销员那样思考，而是像顾客那样思考，结果他的销售能力和业绩都出类拔萃。

事实上，人际交往也是如此，要想交到知心的朋友，必须从对方的立场去考虑其想法，了解其感受、要求和苦恼，也就是要学会换位思考。

5. 送出你的微笑

美国的希尔顿饭店非常有名。这与董事长唐纳·希尔顿非常重视微笑有极大的关系。他甚至认为，是微笑给希尔顿饭店带来了繁荣。

多年前，一位老妇人去拜访希尔顿。当时希尔顿的心情不太好，他不耐烦地抬起头，却看到一张微笑的脸。这张笑脸的力量是那么不可抗拒，希尔顿立即请她坐下，两人开始了愉快的交谈。老妇人

的微笑是那么真诚、慈爱、温暖、友善,那微笑完全感染了希尔顿。

从此,希尔顿把"微笑服务"定为饭店的宗旨。他要求员工不管多么辛苦,多么委屈,都要记住在任何时候对所有客户展现出真诚的微笑。每当他在世界各地的希尔顿饭店视察时,总会问员工:"今天,你对客户微笑了吗?"

在希尔顿眼里,微笑是最简单、最省钱、最可行、最容易做到的服务,也是成本最低、收益最高的投资。因此,即使是在20世纪30年代的经济大萧条中——几乎各行各业的人们脸上都挂着忧愁的时代,希尔顿饭店的员工仍然用自己的笑容给每位客户送去阳光。经济大萧条过后,希尔顿饭店率先进入了繁荣期。

微笑是奇妙而魅力非凡的,它是人与人之间亲密关系的表示。真诚的微笑是交友的无价之宝,是社交的最高艺术。

没有人会拒绝微笑,因为微笑给人温暖,微笑能把人与人之间的距离缩到最短。所以,时刻送出你的微笑,你自然就会拥有好人缘。